Patchwork
von A bis Z

INHALT

SCHABLONEN 79

Einführung

Patchwork hat in Deutschland und den anderen europäischen Ländern in den letzten Jahren zunehmendes Interesse gefunden, in Amerika sogar in noch weit größerem Maße. Was mag wohl der Grund für diese Begeisterung sein? Bei den Amerikanern ist es vermutlich der Wunsch, sich mit der eigenen Geschichte zu beschäftigen und demnach auch mit den Traditionen der ersten Siedler und der eigenen Vorfahren.
So manches Kunsthandwerk erlebt daher eine Renaissance und damit auch das Patchwork. Ein Kunsthandwerk, das die Zeiten überdauert hat, ist ein unschätzbares Zeugnis für die Geschichte eines Landes, ebenso wie historische und literarische Quellen und Bilder (Malereien, Illustrationen, Fotos). Patchwork ist eine Tradition, die in manchen Bevölkerungsgruppen der USA noch immer lebendig ist, z. B. bei den Amish People. Besonders die Frauen hatten die amerikanische Geschichte mit ihren großen Patchworkdecken auf ihre Weise interpretiert – ein Aspekt, der noch viel zu wenig berücksichtigt wurde.
In Deutschland ist die Motivation für Patchwork natürlich eine ganz andere. Hier geht es weniger darum, ein Geschichtszeugnis abzulegen, sondern um die Freude am Handarbeiten an sich: Im Gegensatz zu industriellen Fertigungstechniken erfährt man beim Patchworken den Charme einer ursprünglichen Welt. Es ist immer wieder schön, zu beobachten, wie unter den eigenen Händen ein kleines Wunderwerk entsteht.
Es gibt sicherlich viele Gründe, warum auch heute wieder viele Frauen gerne patchworken. Der Hauptgrund ist meiner Ansicht nach der Wunsch eines jeden Menschen, sich kreativ auszudrücken. Auf diese Weise entstehen schöne Dinge für das Haus, modische Kleider und vieles andere mehr, das um der Schönheit willen erschaffen wird.
Das Wort Patchwork (engl. patch = Stück, work = Arbeit, Werk: Stückwerk) bezeichnet eine Technik, in der man Stoffstücke zusammennäht, und zwar entweder nebeneinander oder aufeinander. Das Wort Quilt bezeichnet dagegen eine Stepparbeit (engl. quilt = wattieren oder steppen), z. B. eine Steppdecke. Unabhängig davon werden beide Begriffe oft für das gleiche Objekt benutzt. Mit dem Patchwork haben die Menschen sozusagen aus der Not eine Tugend gemacht: Im Laufe der Jahrhunderte entwickelte es sich unabhängig von Alltagsbedürfnissen zu einem Handwerk von hohem künstlerischem Niveau.
Wie alle Techniken, so hat sich auch das Patchwork im Laufe der Zeit weiterentwikkelt. Anfangs wurde es nur für alltägliche oder rituelle Zwecke angefertigt, später entstand daraus ein eigenes Handwerk. Die Industrialisierung hat ganz entscheidend zur weiteren Entwicklung beigetragen. Während der Einsatz von Maschinen in vielen Bereichen die Eigenart eines Handwerks zerstört hat, so ist dies beim Patchwork nicht der Fall – es hat von fortschrittlichen Technologien sogar noch profitiert. Wenn Sie nur einmal an die immense Vielfalt der verfügbaren Stoffe denken, die mit Hilfe von Spinn- und Webmaschinen hergestellt werden können, werden Sie feststellen, daß die moderne Technik das Patchworken sogar noch bereichert hat. Die Stoffe sind heute widerstandsfähiger und in vielen Farbtönen erhältlich.

Bereits die Flickensegel altertümlicher Schiffe sind im weitesten Sinne Patchwork. Die Bandbreite der europäischen Quilts reicht von ländlichen Bettdecken, die mit einfachen Knoten zusammengefügt wurden, bis hin zu den kostbaren Arbeiten der Viktorianischen Zeit in England. In Amerika hat sich dagegen eine ganz eigene Quilt-Tradition entwickelt.
Anhand der verwendeten Materialien und Werkzeuge, des Prozesses des Spinnens, Webens und Färbens und des Musters einer Arbeit erfährt man einiges über die Zeit, in der eine solche Komposition entstehen konnte. So legen Quilts und Patchworkarbeiten ein authentisches Zeugnis ab über die jeweilige Zeit und Umgebung, in der sie hergestellt wurden. In den Mustern spiegeln sich Alltag und Lebensgewohnheiten der Menschen.
An den verwendeten Stoffen läßt sich ablesen, unter welchen Lebensbedingungen ein Quilt angefertigt wurde. Kostbare Stoffe zeugen von größerem Reichtum als die Verwendung von einfachen Baumwollstoffen. Auch Weltanschauungen und Denkweisen sind oft in den Patchworkarbeiten festgehalten. Ein gutes Beispiel dafür sind die Quilts einer religiösen Gemeinschaft in Amerika, den Amish People. Deren asketische Lebensweise zeigt sich in den geometrischen Mustern ihrer textilen Arbeiten.

Zu den einzelnen Projekten

Unter der Rubrik „Projekte" finden Sie die Nähanleitungen zu den einzelnen Objekten. Sie sind nach Techniken geordnet (Applikation, amerikanisches und englisches Patchwork, Quilten). Dasselbe Objekt läßt sich auch mit unterschiedlichen Arbeitstechniken herstellen. Es gibt leichte und schwierigere Arbeiten, so daß für jeden etwas dabei ist. Bevor Sie sich mit einem konkreten Projekt beschäftigen, sollten Sie sich erst die allgemeinen Kapitel unter „Techniken" durchlesen.

Wichtig

Wenn Sie Ihre Stoffe zuschneiden, vergessen Sie bitte nicht, zu den von uns angegebenen Maßen noch die Nahtzugaben hinzuzurechnen.

Omnigrid
#98
1991
R. SCHAFER
MADE IN THE U.S.A.
Omnigrid
MADE IN THE U.S.A.

TECHNIK

Werkzeug

Zum Anfertigen eines Patchworks braucht man kein spezielles Werkzeug. Je nachdem, wie intensiv Sie sich mit diesem neuen Hobby beschäftigen möchten, kann weiteres Zubehör sinnvoll sein. Für diese Einführung in die Technik des Patchworks sind keine kostspieligen Anschaffungen nötig. Die meisten der hier aufgeführten Dinge haben Sie wahrscheinlich schon in Ihrem Nähkästchen. Idealerweise sollten Sie außer einer Nähmaschine und einem Bügeleisen folgendes besitzen:

- Garn: Meist wird ein kräftiges Baumwollgarn benutzt; für Seidenstoffe nehmen Sie am besten Nähseide: Stoff- und Garnqualität sollte stets die selbe sein. Beide verhalten sich beim Waschen gleich, und die Nähte können sich nicht verziehen. Bitte denken Sie daran, daß Sie für jedes Garn die Fadenspannung an der Nähmaschine entsprechend regulieren. Synthetische Garne sollten Sie meiden, weil sie auf Dauer die Oberfläche Ihres Stoffes beschädigen können. Zum Steppen nimmt man Spezialgarn.
- Nadeln: Je nach Stoff und Arbeitsphase brauchen Sie unterschiedliche Stärken; im allgemeinen ist es besser, feinere Nadeln zu benutzen, um den Stoff nicht zu beschädigen.
- Stecknadeln: Sie sollten spitz und fein sein, damit sie in Ihrem Stoff keine Spuren hinterlassen. Aus dem gleichen Grund ist es ratsam, die Stecknadeln nicht zu lange im Stoff stecken zu lassen.
- Sicherheitsnadeln: Verwenden Sie gebogene Nadeln, die speziell für das Quilten angeboten werden.
- Scheren: Wählen Sie eine Schere für Papier und leichten Karton, eine Stoffschere und eine kleine Stickschere für das Arbeiten am Patchwork. Schneiden Sie das Papier niemals mit der Stoffschere, da sie sonst stumpf wird. Wenn der Stoff zu sehr ausfranst, ist es ratsam, eine Zackenschere zu verwenden.
- Stifte: Ein Bleistift dient zum Entwerfen der Patchworkmotive, der Schablonen und zum Markieren des Stoffs; Buntstifte brauchen Sie für den farbigen Entwurf und Spezialstifte zum Aufzeichnen der Quiltlinien auf den Stoff. Die Farbe löst sich entweder nach einer gewissen Zeit auf oder verschwindet später beim Waschen.
- Schneiderkreide
- Lineal und Winkelmesser
- Zirkel
- Sandpapier und Millimeterpapier
- Quiltrahmen

Für großformatige Arbeiten, bei denen viele Einzelteile zugeschnitten werden müssen, sollten Sie zusätzlich folgendes Zubehör anschaffen:

- Rollschneider: dieser schneidet mehrere Stofflagen auf einmal.
- Schneideunterlage: Es gibt Unterlagen, die auf der einen Seite eine Maßeinteilung haben und auf der anderen Seite einfarbig sind. Dann können Sie jeweils die Seite benutzen, von der sich Ihr Stoff besser abhebt. Schneideunterlagen gibt es in unterschiedlichen Größen bis zu 45 x 60 cm.
- Lineal und Winkelmesser: Sowohl für Anfänger als auch für Fortgeschrittene sind sie eine große Hilfe. Sie sind durchsichtig mit Maßeinteilungen. Es gibt sie speziell für Linkshänder. Auch Nahtzugaben lassen sich gut damit ausrechnen.

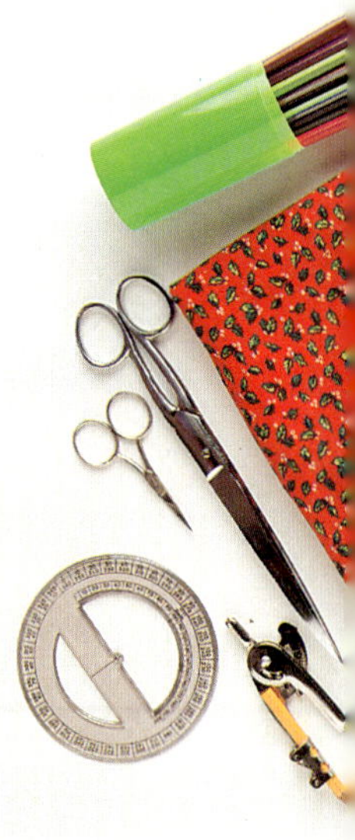

1

3

1) Hier sehen Sie die Grundausstattung für Patchworkarbeiten.

2) Hilfreiches Zubehör: Zirkel und transparente Lineale mit Maßeinteilungen für Rechts- und Linkshänder.

3) Ein Rollschneider, der bis zu 15 Lagen Stoff auf einmal schneidet.

4) Zuschneiden auf der Schneideunterlage: Sie verfügt über ein Gitternetz und schräge Linien und ermöglicht so ein präzises Zuschneiden von spitzen, stumpfen und rechten Winkeln.

2

4

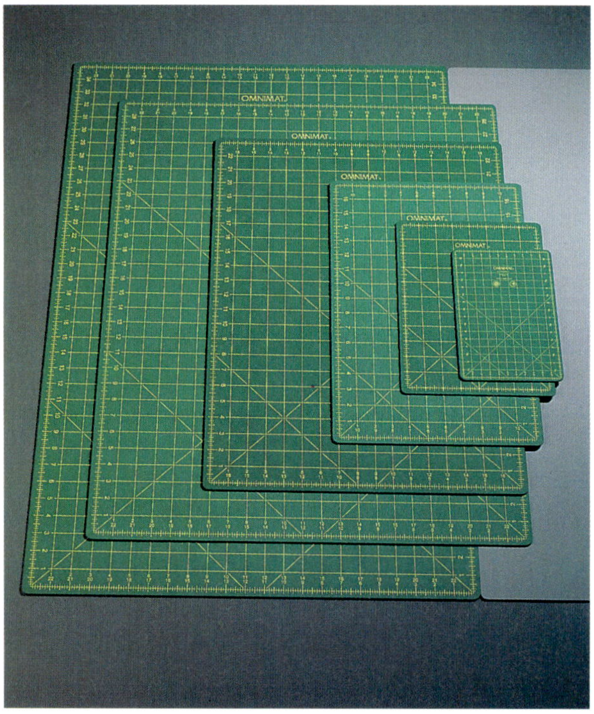

Links sehen Sie Schneideunterlagen in verschiedenen Größen. Es gibt sie auch in unterschiedlichen Farben. Wählen Sie die Farbe, von der sich Ihr Stoff am besten abhebt. Rechts sehen Sie verschiedene Lineale.

Quiltrahmen

Die Wahl des richtigen Quiltrahmens hängt hauptsächlich von den Abmessungen Ihrer Arbeit ab. Es ist empfehlenswert, immer einen Rahmen zu verwenden: nur wenn der Stoff gut gespannt ist, werden die Stepplinien schön glatt und einheitlich. Im Handel stehen verschiedene Rahmentypen zur Auswahl. Wer möchte, kann sich auch selbst einen Rahmen bauen.

● Der selbstgebaute Quiltrahmen: Fügen Sie einfach vier entsprechend lange Leisten zusammen, an denen Sie dann Ihre Arbeit befestigen können. Die Leisten können Sie natürlich einfach verleimen. Wenn Sie sie so zurechtsägen, daß Sie sie zusammenstecken können, läßt sich der Rahmen leicht wieder auseinanderbauen. Ein solcher Rahmen läßt sich auch schnell wieder wegräumen. Wenn Sie ihn über zwei Tischböcke legen, können sogar mehrere Leute auf einmal daran arbeiten. Wer möchte, kann so eine richtige Quiltparty veranstalten!
● Ein runder Rahmen: Für kleinere Arbeiten können Sie einen ganz gewöhnlichen Stickrahmen verwenden. Achten Sie darauf, daß der äußere Ring verstellbar ist. So können Sie ihn an die Dicke der Stepparbeit anpassen.
● Der Rahmen mit Ständer: Dieser Rahmen ist besonders praktisch, da Sie so beide Hände zum Quilten frei haben.
● Der rechteckige Rahmen aus Plastik: Da er aus Einzelteilen besteht, ist er sehr handlich. Dieses Modell kann jedoch nur für Arbeiten bis zu einer mittleren Füllungsstärke verwendet werden. Oft gibt es Zusatzteile, mit denen man einen solchen Rahmen schnell und einfach vergrößern kann.
● Der Tischrahmen: Dieser eignet sich besonders gut für das Absteppen großer Decken. Er steht auf zwei oder sogar vier Beinen und wird nur von Spezialanbietern versandt. Die ersten amerikanischen Siedler verwendeten das gleiche Modell. Da sie in sehr kleinen Häuschen lebten, zogen sie den Rahmen alltags zwecks Platzersparnis mit einem Flaschenzug an die Decke – ein System, das ich Ihnen hier nicht empfehlen will. Ich glaube nicht, daß unsere Familien sich darauf einlassen würden!

Runde Rahmen mit dem verstellbaren Außenring

Traditioneller Rahmen im Selbstbau.

Quadratischer Rahmen aus Plastikrohren, die mit Hilfe von Verbindungselementen zusammengesteckt werden. Zusatzteile erlauben es, den Rahmen schnell und problemlos zu vergrößern.

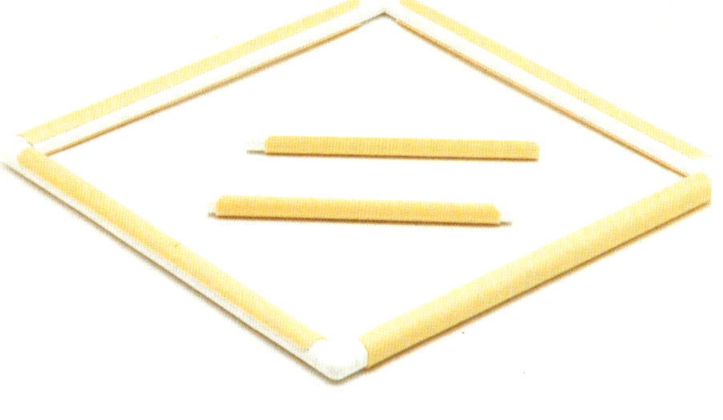

Tischrahmen, der sich besonders gut für das Absteppen und Aufrollen großformatiger Arbeiten eignet

Die Schablonen

Schablonenpaar aus elastischem Material: A zur Markierung der Schnittlinie, B für die Nahtlinie

Schablonen für den „Stern von Ohio" und den „Baby Block"

Fensterschablonen: einmal in Muschelform, einmal als Sechseck, das ein ganz bestimmtes Stoffmotiv zeigt. So lassen sich Naht- und Schnittlinie auf einmal einzeichnen.

Wie bereits erwähnt, verwendet man Schablonen, um die einzelnen Patchworkteile zuzuschneiden. Ursprünglich wurden Schablonen nur bei der englischen Methode verwendet, inzwischen werden sie aber auch für andere Techniken benutzt. Grundsätzlich unterscheidet man zwei verschiedene Arten von Schablonen: Voll- und Fensterschablonen.

● Vollschablonen: Sie können elastisch sein (aus dünnem Karton oder aus mit Plastik beschichteten Bögen) oder auch ganz steif sein (aus Pappe, Plastik, Holz oder Metall). Vollschablonen werden im folgenden auch als Grundschablonen bezeichnet, denn sie dienen zur Vervielfältigung der Papiermusterteile. Am besten, sie besitzen gleich zwei in der Größe aufeinander abgestimmte Schablonen: Dabei wird die größere der zwei Formen (A) für das Zuschneiden des Stoffes verwendet, d. h. die Nahtzugabe ist bereits enthalten. Die kleinere Form (B) dient dem Zuschneiden der Papierteile, die für die englische Methode benötigt werden. Mit ihr überprüft man dann auch die fertigen Patchworkteile.

● Fensterschablonen gibt es ebenfalls aus elastischem oder steifem Material. Mit ihnen läßt sich der Ausschnitt des Stoffes genau bestimmen (z. B. ein ganz bestimmtes Blumenmotiv). Gleichzeitig können Sie auch die Naht- und Zuschneidelinien markieren.

Sowohl Voll- als auch Fensterschablonen kann man im Fachhandel kaufen oder auch selbst herstellen. Schablonen aus Hartplastik oder Metall sind für große Arbeiten, die aus lauter gleichgeformten Einzelteilen bestehen, ideal.

Manche Quilts sind aus mehreren tausend Teilen zusammengesetzt – eine solche Grundschablone ist demnach einer großen Belastung ausgesetzt.

Die Abbildungen unten zeigen die gebräuchlichsten Formen für Patchworkschablonen. Die eingezeichneten Pfeile zeigen den Fadenlauf an. Achten Sie auf die Winkelmaße!

Will man z. B. einen sechsteiligen Stern entwerfen, verwendet man eine Raute mit 60° und 120°; für einen Stern mit acht Spitzen braucht man dagegen die Raute mit 45° und 135°.

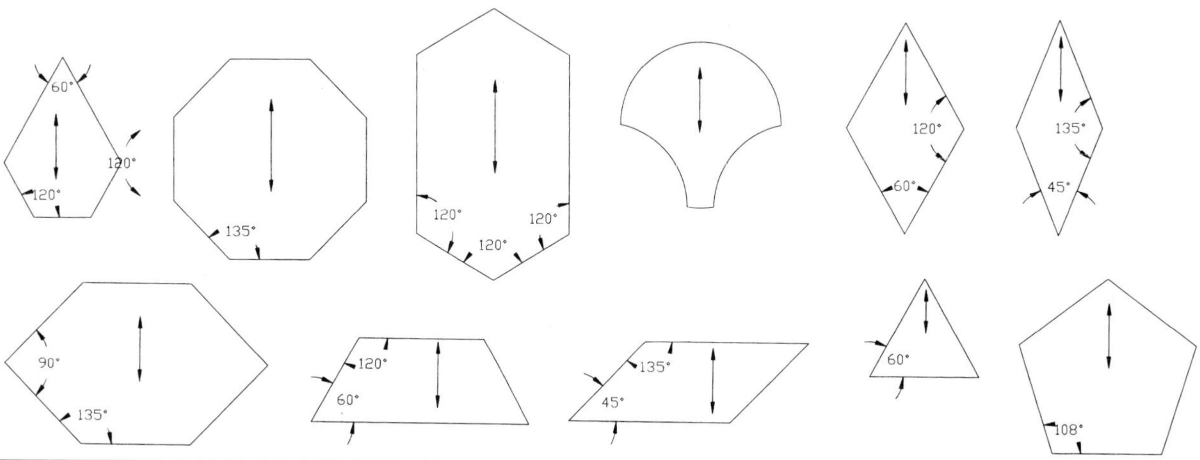

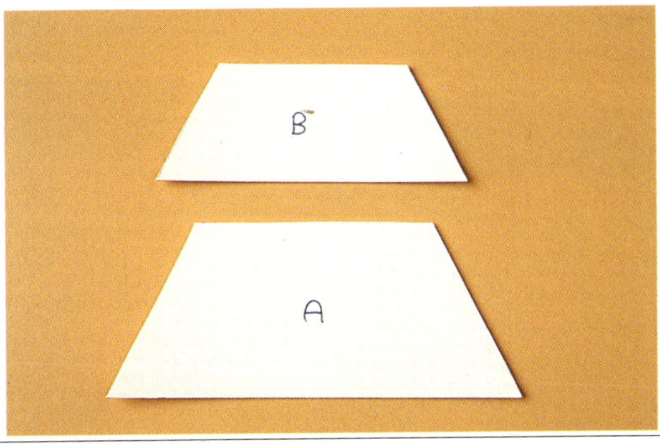

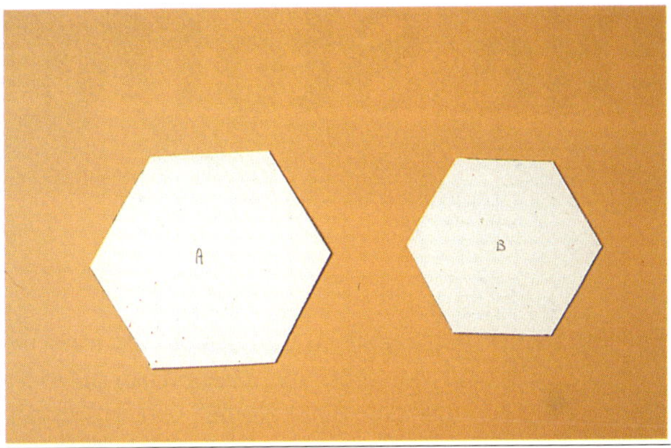

Die gebräuchlichsten geometrischen Formen mit Angabe des Fadenlaufs

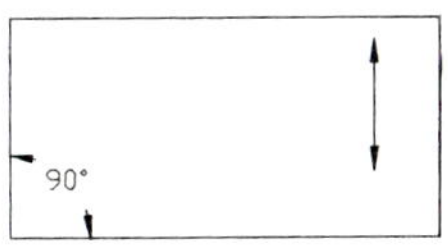

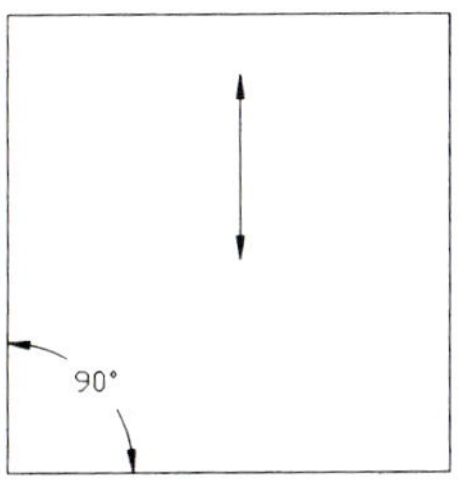

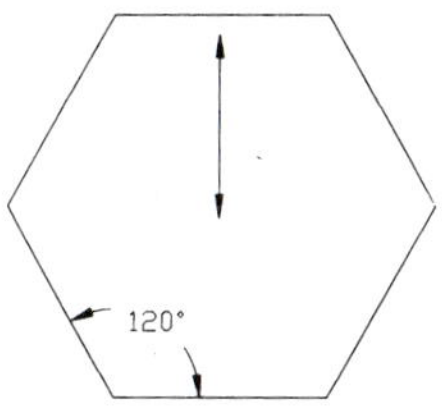

Um ein Muster zu vergrößern, behelfen Sie sich mit einem Raster.

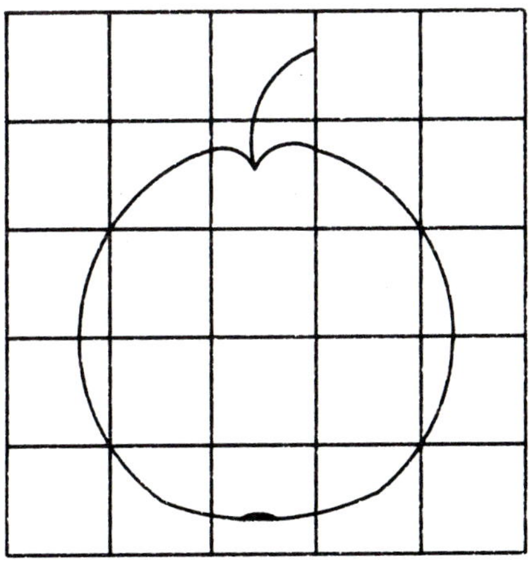

Die Stoffe

Für Patchwork kann man im Grunde genommen jeden Stoff verwenden. Festgewebte Stoffe sind dennoch vorzuziehen, da zu lockeres Gewebe weniger widerstandsfähig ist und sich beim Nähen verzieht und ausfranst. Am besten eignet sich reine Baumwolle, aber auch mit Wollstoffen, Seide oder mit Mischgewebe können Sie schöne Ergebnisse erzielen. Das Arbeiten mit Samt und Seide ist schwieriger, denn die Seide verrutscht leicht. Spuren von Stecknadeln, Nadeln und Heftfäden sind nur schwer zu entfernen. Da Samt einen Strich hat, müssen die einzelnen Stücke jeweils in der gleichen Webrichtung aneinandergenäht werden. Natürlich sind Arbeiten mit diesen prächtigen Stoffen besonders eindrucksvoll, betonen sie doch die Geschicklichkeit der Näherin. Für Anfänger sind sie jedoch nicht geeignet. Für erste Arbeiten nehmen Sie am besten einen klassischen amerikanischen Baumwollstoff.
Sie sollten nur Materialien von ähnlicher Stärke, Webart und Dichte verwenden. Nur dann erhalten Sie eine ausgewogene Arbeit. Eine Ausnahme bildet das Blockhausmuster („Log Cabin"), denn hier wird alles auf einen Unterstoff genäht, der Unterschiede in den Oberstoffen ausgleicht. Auch beim „Crazy Patchwork" verwendet man unterschiedliche Stoffarten, die einen ganz besonderen Reiz ausüben.
Früher hat man die gleichen Stoffe immer wieder benutzt – vor allem, wenn man an die großartigen Arbeiten der ersten Siedlerfrauen denkt, für die Patchwork vor allem eine Sparmaßnahme war! Setzt man gebrauchte Stoffe mit neuen zusammen, so ist zu bedenken, daß die alten Stoffe schneller verschleißen als die widerstandsfähigeren neuen. Achten Sie jedoch darauf, daß die Farben in ihrer Intensität übereinstimmen. Nur so erhalten Sie ein harmonisches Gesamtbild. Wollen Sie alt und neu trotzdem kombinieren, empfiehlt es sich, die modernen Stoffe künstlich altern zu lassen. Zwei Methoden, mit denen man diesen Effekt herstellen kann, finden Sie auf Seite 20.
Bei der Stoffwahl sollte man sich zunächst einmal darüber klar werden, welchen Zweck das Patchwork später erfüllen soll. Soll es hauptsächlich dekorativ wirken? Dann verwenden Sie am besten Stoffe mit starker Optik wie Seide, Synthetik, Samt, Brokat, Satin, Taft usw. Wenn jedoch z. B. eine Decke ständig benutzt und gewaschen werden soll, müssen Sie strapazierfähige Stoffe wählen, die Sie bedenkenlos beanspruchen können.

Das Vorbereiten des Stoffes

Vor Beginn der Arbeit muß jeder Stoff in heißem Wasser gewaschen werden, und zwar nach Farben getrennt. So können Sie testen, wie sich die einzelnen Farben verhalten – unabhängig davon, welche Waschsymbole auf dem Stoff vermerkt sind. Natürlich sollten Sie Stoffe, die nur kalt und kurz gewaschen werden sollen (z. B. Seide oder Wolle) nicht heiß einweichen!
Stoffe, die abfärben, müssen sofort aussortiert werden, und seien sie auch noch so schön: Sie würden die fertige Arbeit unwiderruflich verderben. Am besten, Sie waschen jeden Stoff sofort nach dem Kauf. So liegen Ihre Materialien von vornherein bereit, und Sie können sofort mit dem Patchwork anfangen!

Decke aus Baumwollstoff in leuchtenden Farben. Motiv „Pin Wheel" (USA)

Das künstliche Altern von Stoffen

Daß die meisten modernen Stoffe farbecht sind, ist zweifellos positiv; andererseits ist das ein Nachteil, wenn Sie Ihrem Patchwork das typische Aussehen alter Quilts verleihen wollen. Falls Sie diesen Effekt anstreben, müssen Sie Ihre neuen Stoffe mehrmals in heißem Wasser waschen und eventuell sogar ein leichtes Bleichmittel verwenden.
Eine andere Methode, Ihre Stoffe künstlich altern zu lassen, ist die, sie in Tee ziehen zu lassen. Dieser schwächt nicht nur ein strahlendes Weiß ab, sondern läßt auch alle anderen Farben weicher aussehen. Probieren Sie diese Methode jedoch lieber erst einmal an einer kleinen Stoffprobe aus. Bevor Sie die Stoffe weiterverarbeiten, sollten Sie sie sorgfältig dämpfen: Jetzt noch vorhandene Falten können später nicht mehr ausgebügelt werden!

Decke aus schwerer Baumwolle mit Sechsecken

Vor dem Zuschneiden

Bevor Sie mit dem Zuschneiden beginnen, sollten Sie sich noch einmal folgende Dinge vergegenwärtigen:

- Jedes Stoffteil muß fadengerade zugeschnitten sein (mit Ausnahme des „Crazy Patchwork", bei dem alle Einzelteile unregelmäßig sind).
- Bei allen samtigen Stoffen mit „Strich" sowie bei gemusterten Stoffen müssen Sie beim Zuschneiden auf die Webrichtung bzw. auf die Richtung, in der der Stoff bedruckt ist, achten.
- Es empfiehlt sich, die Webkante am Anfang abzuschneiden. Auf der Oberseite eines Patchworks wirkt sie unschön und könnte durch ihre Struktur auch Falten werfen.
- Allen Maßen ist unbedingt die Nahtzugabe hinzuzurechnen.

„Log- Cabin"-Decke aus Baumwollsatin in lebhaften Farben.

Patchwork und Quilten

Es gibt verschiedene Patchworktechniken. Dabei lassen sich drei vollkommen verschiedene Techniken unterscheiden, die jedoch kombiniert werden können: das sogenannte englische oder amerikanische „piecing“ (d. h. das Zusammensetzen von verschiedenen Stoffstücken zu einem neuen Stoff), die Applikation (d. h. das Aufnähen von Stoffteilen auf einen Unterstoff) und das Quilten oder Steppen.

Das englische Piecing

Diese Technik wird für geometrische Muster und kleine Teile verwendet.
Unter Benutzung des Schablonenpaars A und B

- werden Stoffteile mit der großen Schablone A und Papierteile mit der kleineren Schablone B ausgeschnitten.
- Die Papierschablone (B) legt man auf die linke Stoffseite, richtet sie mittig aus und steckt sie mit einer Stecknadel fest. Dann schlägt man die Nahtzugaben um und heftet sie. Achten Sie darauf, daß die Ecken ganz exakt werden!
- Zuerst bügelt man die Rückseite, dann die Vorderseite.

Anfänger sollten für ihr erstes Patchwork keine Formen mit zu spitzen Ecken (wie z. B. Rhomben) auswählen, da diese sehr schwer zu verarbeiten sind.

- Bereiten Sie alle Stücke wie oben vor, und nähen Sie sie dann zusammen: Dazu nimmt man zwei Teile, legt sie rechts auf rechts und näht sie an einer Kante von Ecke zu Ecke überwendlich mit kleinen regelmäßigen Stichen zusammen.
- Vernähen Sie den Faden und schneiden Sie ihn sauber ab.
- Die anderen Kanten nähen Sie ebenso zusammen.

Am besten läßt man die Papierschablonen so lange in den Stoffteilen, bis alle zusammengenäht sind; auf diese Weise verziehen sie sich nicht, wenn die Arbeit beim Patchwork viele Male gewendet wird.
Erst wenn Sie ganz fertig sind und Ihr Patchwork gebügelt haben, werden die Heftfäden und das Papier entfernt.

Sechsteiliger Stern, der sich aus zahlreichen Rhomben von 60° und 120° zusammensetzt

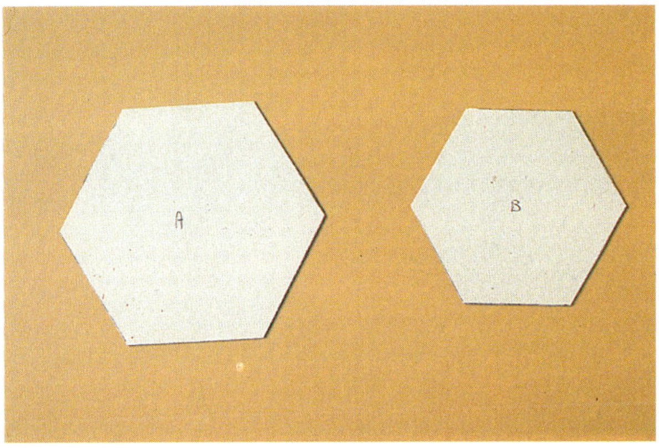

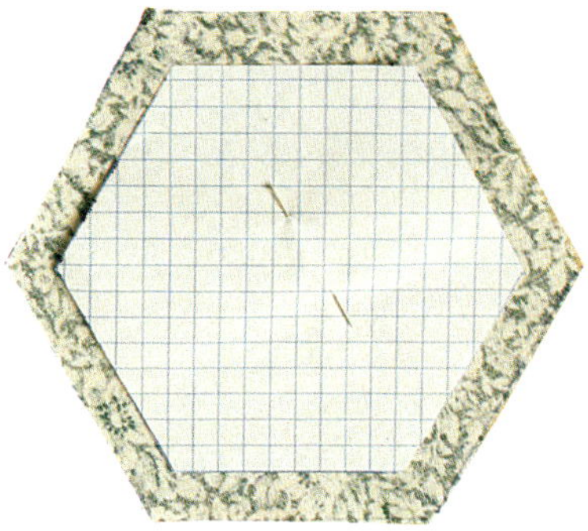

Die beiden Schablonen: A für den Stoff, B für das Papier

Die Schablone B wird auf dem Stoff festgesteckt.

Die Nahtzugaben werden umgeheftet.

Ein Teil mit umgeschlagener und gehefteter Nahtzugabe

Zwei Teile werden Kante an Kante überwendlich zusammengenäht.

Zwei zusammengenähte Teile

Viele Sechsecke bilden das Motiv „Großmutters Blumengarten".

Das amerikanische Piecing

Dafür gibt es mehrere Methoden. Am besten, Sie verwenden wieder das Paar Grundschablonen (A–B):

● Man zeichnet die Konturen der größeren Form (A) als Schnittlinie auf die Rückseite des Stoffes.

● Dann legt man die kleine Form (B) mittig in das Stoffteil und fährt diese mit dem Bleistift nach: So entsteht die Nahtlinie.

● Nachdem auf diese Weise alle Stoffteile zugeschnitten und markiert wurden, werden sie rechts auf rechts zusammengesteckt und mit der Nähmaschine oder per Hand mit Vorstichen zusammengenäht. Falls notwendig, kann man die Naht mit einigen Rückstichen sichern.

Es ist wichtig, die Stecknadeln mit größter Genauigkeit zu setzen: eine jeweils an den rechten und eine an den linken Endpunkt der Nahtlinie, die anderen dazwischen. Die Nahtlinien der beiden Stoffteile müssen exakt übereinstimmen.

Am besten, Sie stecken alle Stecknadeln in der gleichen Richtung auf, und zwar so, daß die Spitze von der Nahtlinie aus gesehen nach links zeigt. So lassen sie sich während des Arbeitens wieder leichter entfernen. Falls Sie keine Nähmaschine benutzen, nehmen Sie die Stecknadeln nach dem Heften wieder heraus.

Anschließend wird jede fertige Naht gebügelt. Sind alle Teile zusammengenäht, wird die Arbeit im ganzen noch einmal sorgfältig gebügelt.

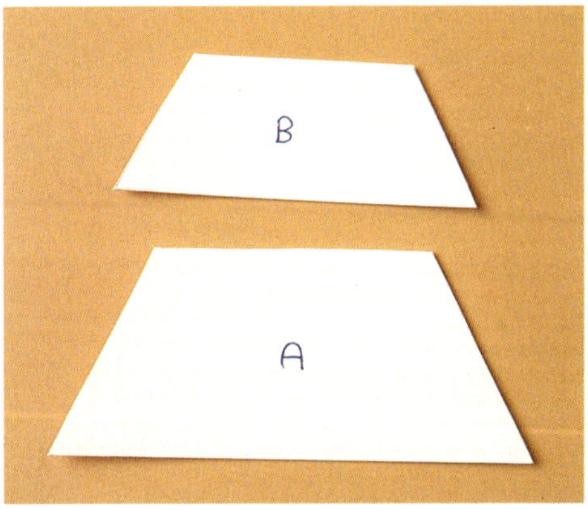

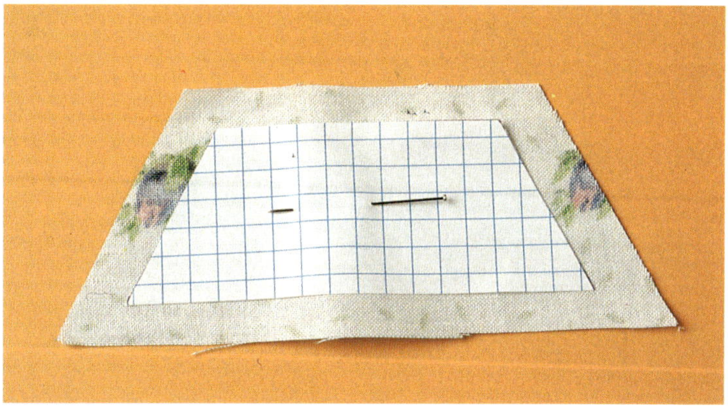

links: ein Paar Grundschablonen

rechts: ein zugeschnittenes Stoffteil mit aufgesteckter Papierschablone

Es gibt noch eine weitere Methode für das amerikanische Piecing (Patchwork). Hier wird nur die zweite Grundschablone (B) benutzt, d. h. man arbeitet mit den Maßen des fertigen Stückes. Dabei geht man vor wie folgt:

● Wieder zeichnet man mit Hilfe der Schablone die Nahtlinie (B).

● Dann schneidet man den Stoff mit einer Nahtzugabe von 5–7,5 mm zu.

Diese Methode geht wesentlich schneller als die erste, ist aber nur erfahrenen Patchworkern zu empfehlen.

Immer wieder taucht die Frage auf, nach welcher Seite die Nahtzugaben beim Bügeln umgeschlagen werden sollen. Mancher vertritt die Ansicht, daß die Nahtzugaben jeweils nach der dunkleren Stoffseite hin zu bügeln seien, weil sie durch helle Stoffe hindurchscheinen oder sich auf der Oberseite des Patchworks abzeichnen könnten. Andere bügeln die Nahtzugaben auseinander, damit die Stoffe glatter liegen. Wieder andere bügeln sie zusammen nach einer Seite, was der Arbeit eine größere Festigkeit verleiht.

Richten Sie sich einfach nach rein ästhetischen Gesichtspunkten: Je nachdem welches Muster Sie verwenden, ist die eine oder andere Methode besser geeignet.

Am besten, Sie entscheiden sich von Fall zu Fall: In manchen Patchworkmustern treffen so viele Nähte aufeinander, daß man erst im letzten Moment entscheiden kann, nach welchen Seiten die Nahtzugaben verteilt werden müssen. Wie immer ist die Praxis die beste Lehrmeisterin!

Unter den vielen alten und zeitgenössischen amerikanischen Patchworkmustern nehmen das Streifenpatchwork und die berühmte Blockhaustechnik („Log-Cabin") eine besondere Stellung ein. Wir stellen Ihnen einige Projekte, bei denen Sie diese Techniken anwenden können, in unserem Arbeitsteil vor.

unten: Das Zusammennähen von zwei Teilen rechts auf rechts

Das Arbeiten mit Streifen

Wie schon erwähnt, kann man verschiedene Patchworktechniken kombinieren z. B. das Piecing und die Applikation. Das Streifenpatchwork ist ein besonders schönes Beispiel dafür.

Dazu geht man vor wie folgt:

- Zuerst schneiden Sie Stoffstreifen verschiedener Farben und Muster zu, vorzugsweise jedoch Stoffe gleicher Festigkeit und Dichte.
- Diese legen Sie nun so nebeneinander aus, bis Sie eine harmonische Kombination von Farben und Mustern erreicht haben: Arbeiten Sie mit Farbabstufungen, Kontrasten oder Wiederholungen von Motiv oder Stoffart.
- Zum Schluß werden die Streifen entsprechend zusammengenäht und sorgfältig ausgebügelt.

Die Streifen sollten von ungefähr gleicher Länge sein. In der Breite können Sie jedoch variieren. Die Streifen können parallel oder asymmetrisch angeordnet werden und wiederum selbst aus Dreiecken, Trapezen oder Rechtecken zusammengesetzt sein. Aus dem so entstandenen Streifenband lassen sich alle möglichen Formen zuschneiden, wie Blumen, Früchte, Tiere oder geometrische Figuren, die zu einem neuen Stoffdesign zusammengefügt werden. Das gleiche Motiv kann positiv oder negativ erscheinen: So erhalten Sie doppelt so viele Variationsmöglichkeiten!

unten links: Ein Streifenband, das aus lauter fast gleich langen Einzelstreifen zusammengesetzt ist.

unten rechts: Dieses Band ist weniger geeignet, da die Einzelstreifen unterschiedlich lang sind.

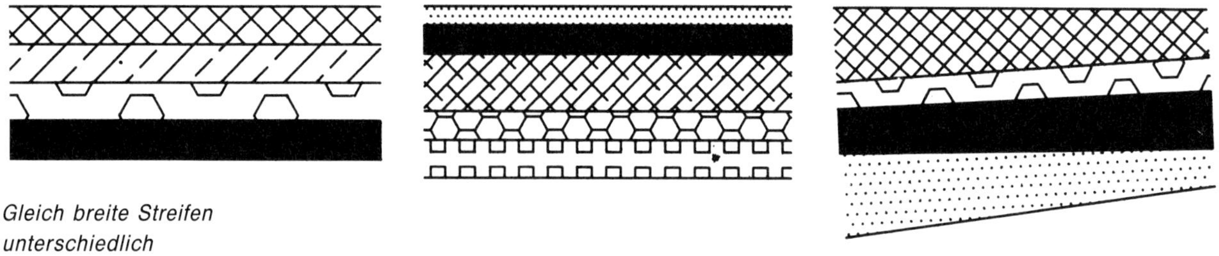

Gleich breite Streifen unterschiedlich angeordnet.

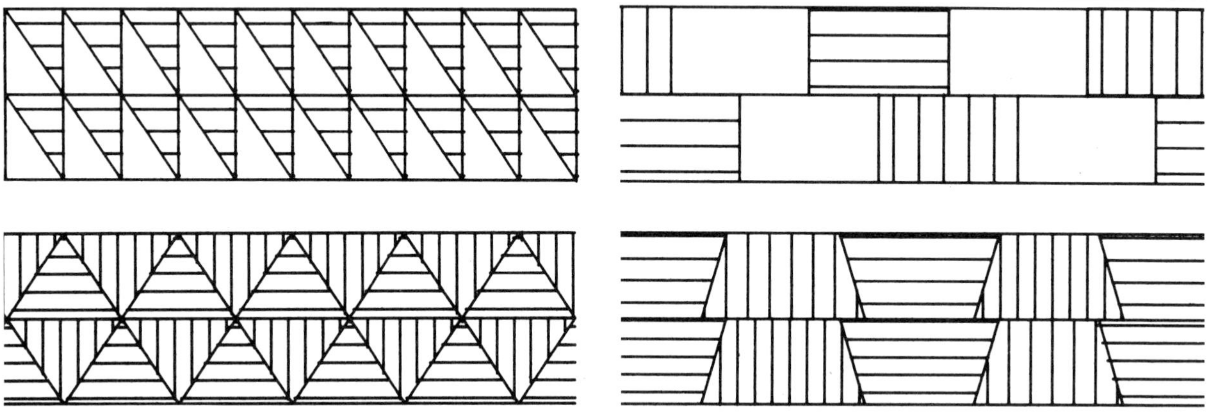

Bordüren aus Streifenpatchwork

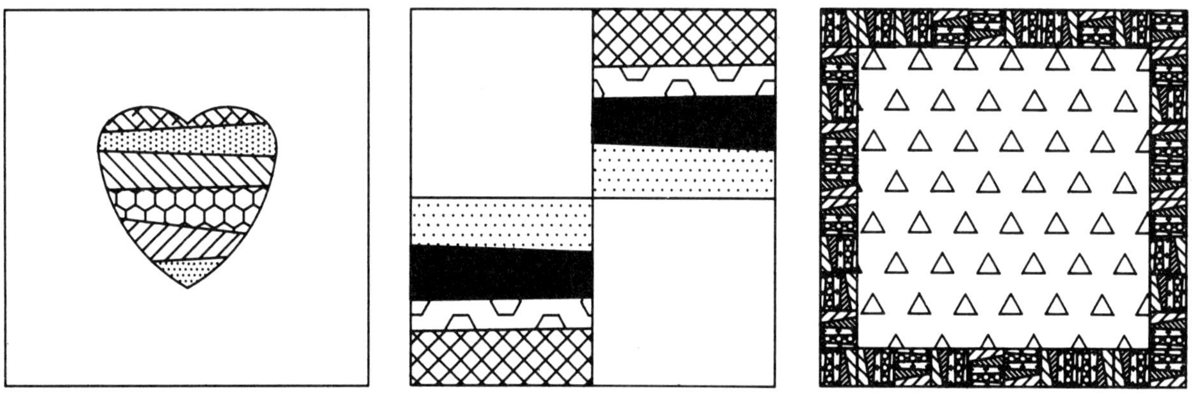

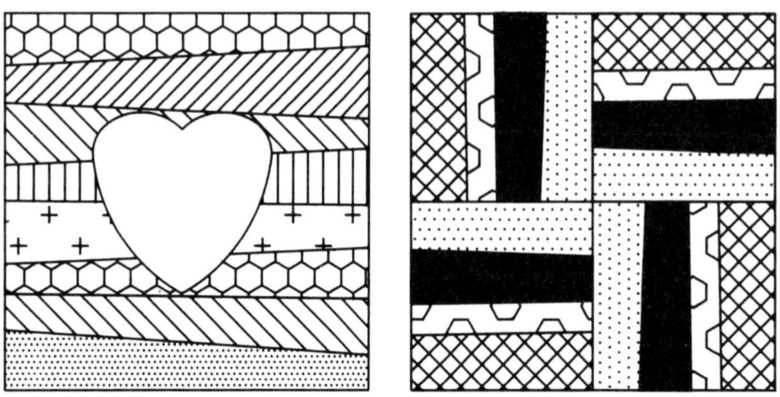

Beispiele für Streifenpatchwork

Blockhaus („Log Cabin“)

Ein Blockhausmuster kann man unterschiedlich herstellen:

- auf einem Stoffgrund (A),
- ohne Stoffgrund (B),
- ohne die Streifen vorher auf eine bestimmte Länge zu schneiden (C).

(A) „Log-Cabin“-Muster auf einem Stoffgrund sind nicht nur stabiler, sondern auch einfacher zu nähen. Auf dem Stoffgrund lassen sich die einzelnen Teile genau nach den Waagerechten und Senkrechten ausrichten. Muß das Objekt nicht so strapazierfähig sein, so ersetzt man den Stoffgrund durch ein Karopapier oder ein anderes Blatt Papier, auf das man das Blockhausmuster gezeichnet hat. Nach Abschluß der Näharbeit wird es wieder entfernt.

So gehen Sie vor:

- Zeichnen Sie auf dem Stoffgrund ein Quadrat in der gewünschten Größe.
- Bügeln Sie die Diagonalen ein, oder zeichnen Sie sie mit Bleistift auf.
- Nun schneiden Sie die Stoffstreifen in verschiedenen Farben zu, z. B. mit folgenden Maßen:

Teil Nr.	1)	4 x 4 cm
	2)	4 x 2 cm
	3)	6 x 2 cm
	4)	6 x 2 cm
	5)	8 x 2 cm
	6)	8 x 2 cm
	7)	10 x 2 cm
	8)	10 x 2 cm
	9)	12 x 2 cm
	10)	12 x 2 cm
	11)	14 x 2 cm
	12)	14 x 2 cm
	13)	16 x 2 cm

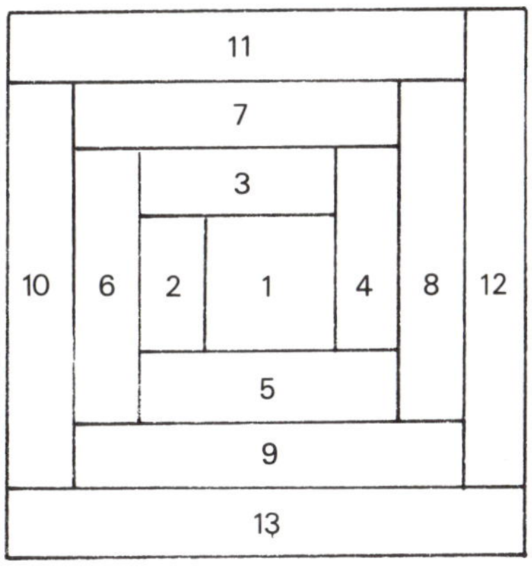

- Dann numerieren Sie die Stoffteile auf der Rückseite mit Bleistift.
- Teil Nr. 1 wird in der Mitte des Quadrats plaziert.
- Teil Nr. 2 wird rechts auf rechts daraufgesteckt und von Hand oder Maschine aufgenäht, umgeschlagen und gebügelt.
- Mit Teil Nr. 3 machen Sie dasselbe über die Teile 1+2.
- Mit Teil Nr. 4 machen Sie dasselbe über die Teile 1–3.
- Mit allen übrigen Streifen verfahren Sie genauso.

Ein altes Blockhaus-patchwork aus Wollstoffen über Baumwollgrund (USA, um 1880)

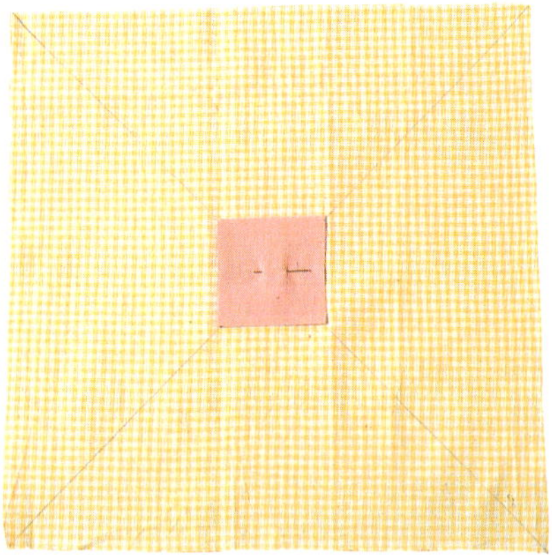

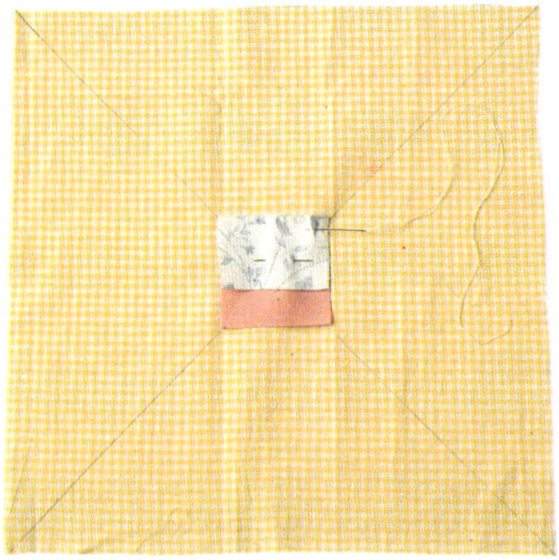

Das erste Teil wird im Mittelpunkt des Grundquadrats aufgesteckt. Die Diagonalen sind aufgezeichnet.

Das zweite Teil wird rechts auf rechts auf dem ersten Stück befestigt.

Der dritte Streifen wird quer über die beiden vorhergehenden Teile genäht (Teil 2 wurde umgeschlagen) und umgeschlagen.

Hier wurde schon das 8. Teil über die übrigen 7 genäht und umgeschlagen.

Dieses Blockhausmuster besteht insgesamt aus 9 Teilen.

B) Das Arbeiten eines „Log Cabin“ ohne Stoffgrund geht im wesentlichen genauso vor sich. Die Teile werden lediglich direkt aneinandergenäht anstatt auf Stoff oder Papier.

C) Bei der schnellsten Methode, ein Blockhaus zu arbeiten, werden die Teile nicht nach einer Anleitung zugeschnitten. In diesem Fall fertigen Sie nur lange Streifen an, die man vom Zentrum ausgehend, spiralförmig anordnet. Erst wenn der Streifen entsprechend aufgenäht wurde, wird er der jeweiligen Länge entsprechend abgeschnitten. Orientieren Sie sich beim Nähen am Fuß Ihrer Nähmaschine, damit Sie schöne, gerade Nähte erhalten. Um sich die Arbeit zu erleichtern, können Sie die Naht auch vorzeichnen oder mit einem Stück Klebeband markieren.

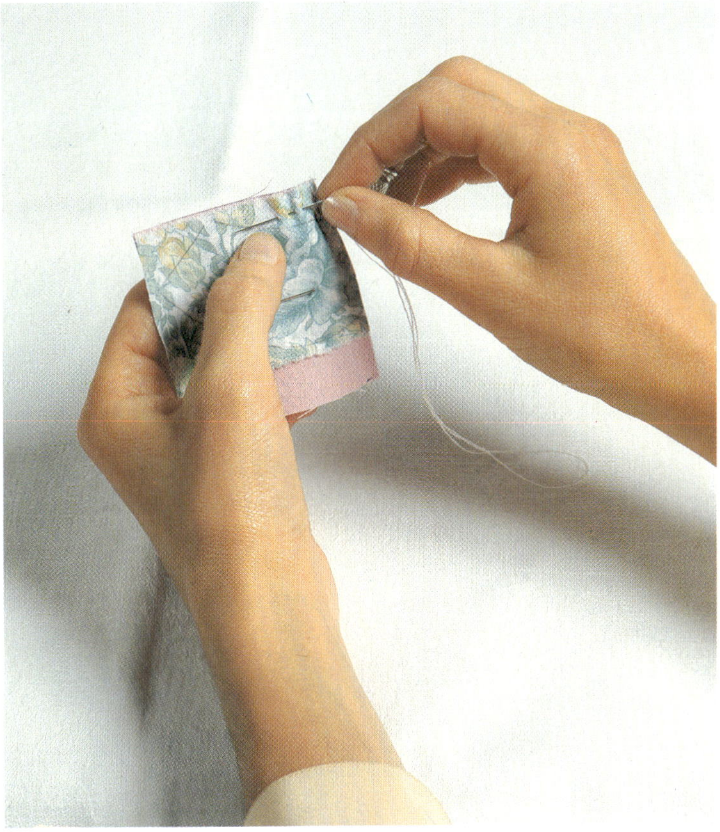

Das Zusammennähen von Teil 1 und Teil 2

Die beiden ersten Teile sind zusammengenäht und umgebügelt.

Das dritte Stück ist angenäht und umgeschlagen.

Bügeln der Arbeit

Hier wird ein Streifen auf die Breite des „Log Cabin“ geschnitten.

Neun Teile sind hier zu einem Blockhausmuster zusammengesetzt.

Vorder- und Rückseite eines „Log Cabin“ aus 13 Teilen

Die Applikation

Auf einen festen Unterstoff können Sie ganz leicht eine vorbereitete Applikation aufnähen. Dafür gibt es verschiedene Möglichkeiten: Sie können von Hand nähen oder den Gerad- oder Zickzackstich der Nähmaschine benutzen. Normalerweise werden Applikationen mit Hilfe der Schablonen A und B angefertigt wie folgt:

- Schneiden Sie den Stoff mit der großen Schablone A und ein Stück Papier mit der kleineren Schablone B zu.
- Legen Sie das Papierteil B mittig auf das Stoffteil A, stecken Sie es fest, heften die Nahtzugabe darüber, und bügeln Sie alles.
- Nun werden Heftfaden und Papier entfernt, und das Ganze wird wieder gebügelt.
- Diese Applikation wird nun auf den Grundstoff gelegt, festgesteckt, geheftet und unsichtbar am Saumrand festgenäht. Am zuverlässigsten näht man mit kleinen überwendlichen Stichen.

Für die hawaiianische Methode, bei der nur ein großes Motiv appliziert wird, gilt folgendes:

- Man schneidet einen Stoff mit der großen Schablone (A) zu, steckt diesen direkt auf den Unterstoff und heftet in einiger Entfernung zu den Umrissen. Die Nahtzugaben werden nun in regelmäßigen Abständen eingeschnitten und erst während des Aufnähens untergeschlagen.

Wenn Sie die Nähmaschine verwenden wollen, so muß man die gewünschten Motive nur mit der kleinen Schablone (B) ausschneiden. Man braucht keine Nahtzugaben umzuschlagen, weil der Zickzackstich (Stichgröße 4, Abstand 0,5 bis max. 1) die Applikation gleichzeitig festhält und versäubert. In diesem Fall steppen Sie direkt an der Schnittkante des Stoffes entlang. Falls nach dem Steppen noch kleine Stofffransen überstehen, können Sie diese mit einer spitzen kleinen Schere abschneiden.

unten: ein Paar Grundschablonen; Vorstiche zum Einhalten der abgerundeten Partien; ganz unten: das Heften der Nahtzugaben und schließlich das Aufnähen der fertigen Applikation mit überwendlichen Stichen.

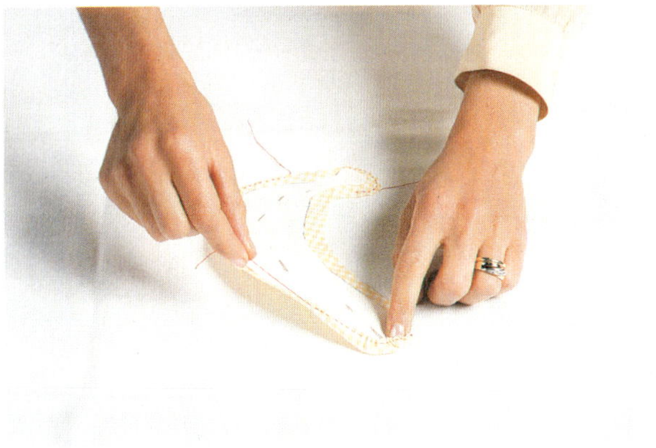

Wenn Sie Applikationsmotive mit Nahtzugaben vorbereiten, müssen Sie Ihren Stoff an den Stellen einer Rundung von innen bis zur Befestigungsnaht einschneiden. Nur so bekommen Sie eine ordentliche Kurve.
Handelt es sich um eine Rundung nach außen, ziehen Sie am besten einen Heftfaden durch die entsprechende Nahtzugabe und kräuseln diese so weit ein, bis die Rundung perfekt ist. Selbstverständlich funktioniert das nur bei leichten Stoffen. Handelt es sich um ein dickeres Material, schneidet man aus dem Stoff bis zur Befestigungsnaht kleine Dreiecke, damit er sich flach unter die Rundung legen kann.
Wollen Sie Blumenstengel oder andere filigrane Motive aufsetzen, so empfiehlt es sich, einen Schrägstreifen zu schneiden. Dieser wird auf die Hälfte zusammengelegt und geheftet. Die Schnittkanten legt man nun wieder nach hinten um und bügelt sie unter. Diese Motive werden nun unsichtbar auf den Grundstoff aufgesetzt, wobei man das Band während des Arbeitens in die gewünschten Kurven legt.
Haben Sie genügend Stoff zur Verfügung, können Sie sich nach der Schlauchmethode selbst ein Schrägband herstellen:

- Schneiden Sie ein Stoffquadrat, und zeichnen Sie darauf diagonale Streifen in der gewünschten Breite.
- Danach wird dieses Quadrat so durchgeschnitten, daß zwei Dreiecke entstehen.
- Die Nahtzugaben werden auseinandergebügelt und die Dreiecke wie unten gezeigt zu einem Parallelogramm zusammengenäht.
- Dessen Außenseiten werden nun schlauchförmig zusammengefügt, so daß die Streifen A an B, B an C, C an D und D an E anschließen.
- Dann schneiden Sie den Schlauch entlang der markierten Linien wieder auf, und Sie erhalten ein einziges langes Schrägband.

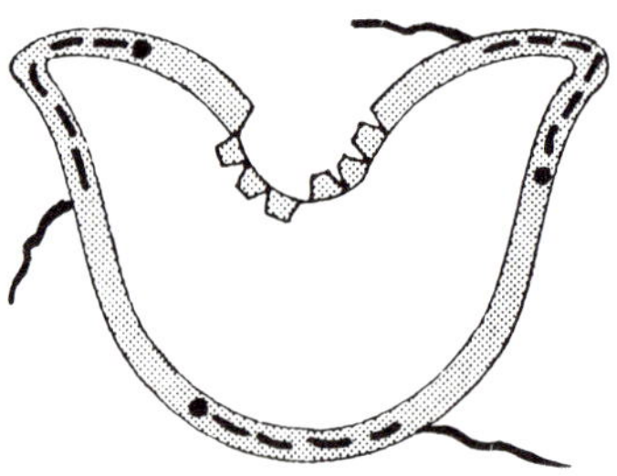

Innenrundung (durch Einschnitte) und Außenkurve (durch Kräuseln des Heftfadens).

rechts: Tischdecke, das Mittelmotiv ist mit der Maschine appliziert.

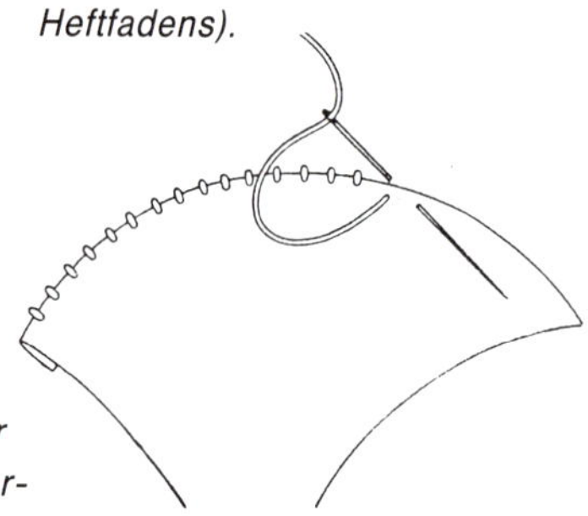

Das Aufnähen einer Applikation mit überwendlichen Stichen

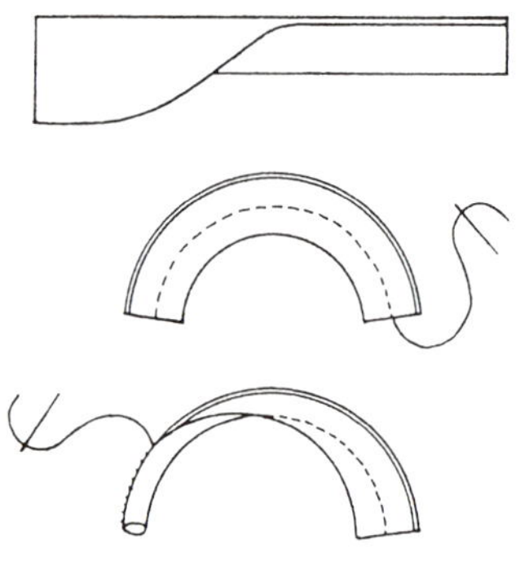

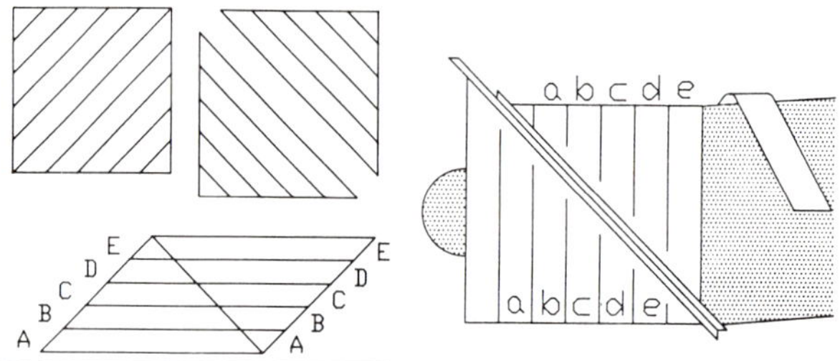

So werden die Schrägstreifen mit Hilfe der Schlauchmethode vorbereitet.

links: zwei Kissen, die ein amerikanisches Patchwork mit Maschinenapplikationen zeigen

rechts: aufwendige Patchworkkomposition, hauptsächlich mit Applikationen

unten: eine wunderschöne Patchworkdecke in der „Log-Cabin"-Technik

links: Decke in amerikanischem Patchwork

unten: englischer Bettüberwurf mit eindrucksvoller Stepparbeit

Das Quilten

Das Quilten, auch Steppen genannt, ist ein Vorgang, bei dem drei Lagen zusammengefügt werden: der Oberstoff, eine Füllung und der Unterstoff. Traditionellerweise wird mit Handstichen gesteppt. Doch heutzutage gibt es bereits Nähmaschinen, mit denen man herrlich quilten kann und die das Handquilten täuschend echt nachahmen können. Auf den Seiten 53–56 finden Sie weitere Informationen zu Mustern und der Technik des Quiltens im einzelnen.

So entsteht ein Quilt

Zur Anfertigung eines Quilts gehören folgende Arbeitsschritte:
- Planung des Projekts,
- Anfertigen der Oberseite,
- Entwerfen eines Quiltmusters,
- Aufzeichnen der Quiltlinien auf den Oberstoff,
- Zusammenheften von Oberstoff, Füllung und Unterstoff,
- Absteppen des fertigen Objekts,
- Abschlußarbeiten.

Die Projektplanung

Haben Sie schon eine ungefähre Vorstellung von Ihrem Projekt?
- Sie könnten einen hier abgebildeten Quilt nacharbeiten.
- Sie entwerfen ein Muster mit Hilfe farbiger geometrischer Formen. Geeignete Formen finden Sie z. B. in Kinderbaukästen.
- Sie wählen ein Detail aus einem Quilt aus und wiederholen dieses so oft, bis Ihre Arbeit die gewünschte Größe erreicht hat. Nebeneinander gesetzt, ergeben die Einzelblöcke neue übergeordnete Muster. Durch Zwischenstreifen können diese auch einzeln hervorgehoben werden. Testen Sie Ihren Entwurf mit einem Übereckspiegel: So sehen Sie Ihr Motiv in der Wiederholung und können Farben und Proportionen überprüfen.
- Machen Sie verschiedene Entwürfe und Farbexperimente, oder
- zeichnen Sie ein vollständig neues Patchworkdesign mit Zwischenstreifen und Rändern in allen Einzelheiten maßstabsgerecht vor.

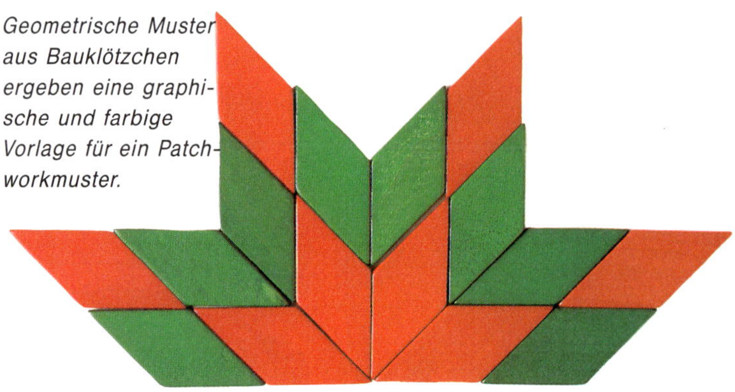

Geometrische Muster aus Bauklötzchen ergeben eine graphische und farbige Vorlage für ein Patchworkmuster.

Mit einem Übereckspiegel können Sie beurteilen, wie Ihr Musterblock in der Wiederholung aussehen wird. Unterschiedliche Effekte ergeben sich mit oder ohne Zwischenstreifen.

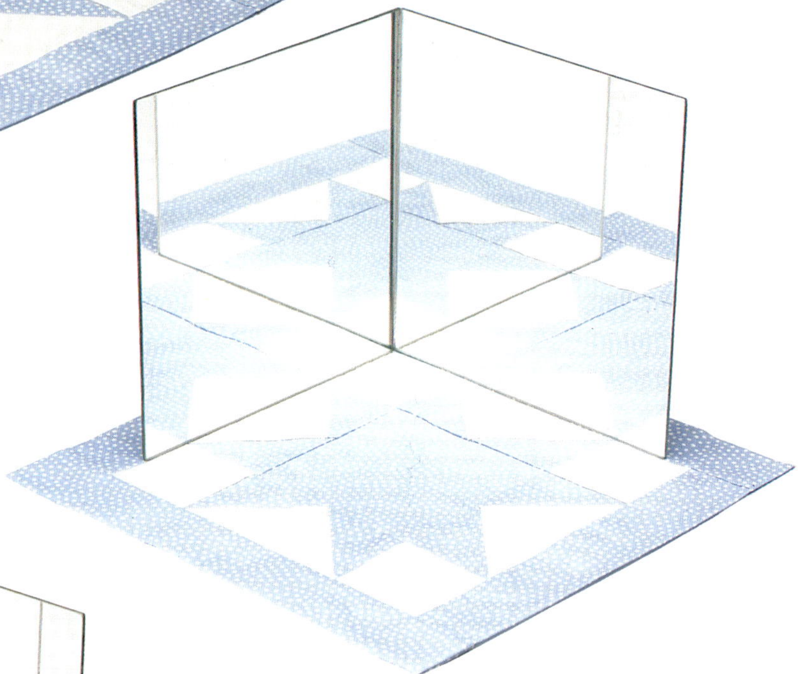

unten: Je nachdem, nach welcher Seite Sie diesen Block spiegeln, ergeben sich unterschiedliche Farbwirkungen.

Farbexperimente mit „Log-Cabin“-Mustern. Sie helfen bei der Planung einer Arbeit mit gleich großen Quadraten.

Zarte oder starke Farbkontraste lassen das traditionelle Motiv „Pineapple“ jedesmal anders erscheinen.

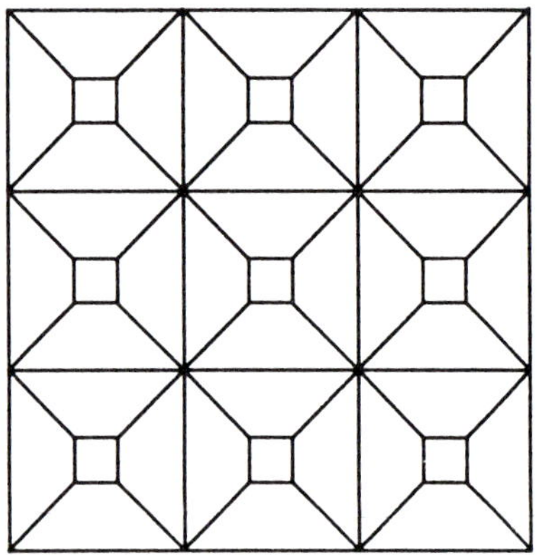

Farbexperimente mit dem vervielfältigten „Spulenmuster". Es wirkt plan, zwei-, ja sogar dreidimensional!

Farbexperimente am Beispiel „Bow Tie" (Schleifen- oder Krawattenknoten). Damit entstehen wunderschöne abstrakte und geometrische Muster.

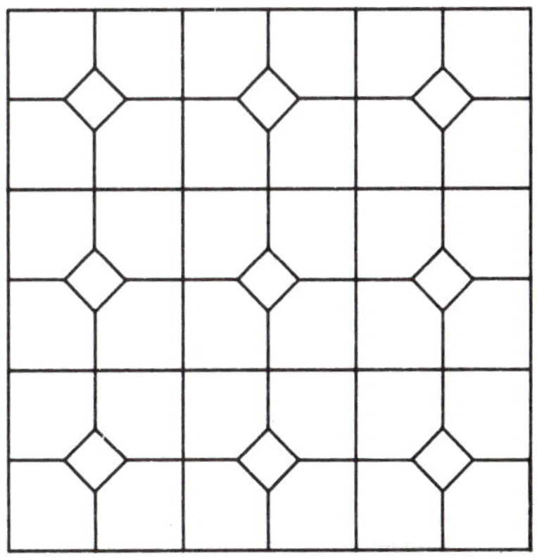

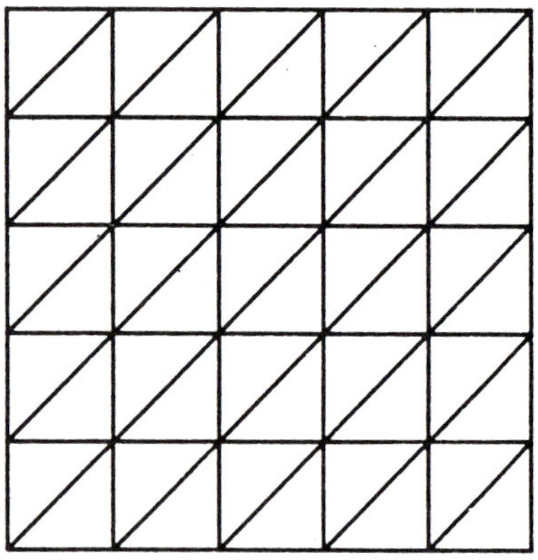

Bei Farbexperimenten mit Dreiecken malen Sie sich ein Raster vor: Je nach Anordnung entstehen immer wieder neue Effekte.

Hier wurden Quadrate geviertelt: Es ergeben sich viele geometrische Motive mit Hell-Dunkel-Kontrasten, die fast dreidimensional wirken, Sterne und Windräder.

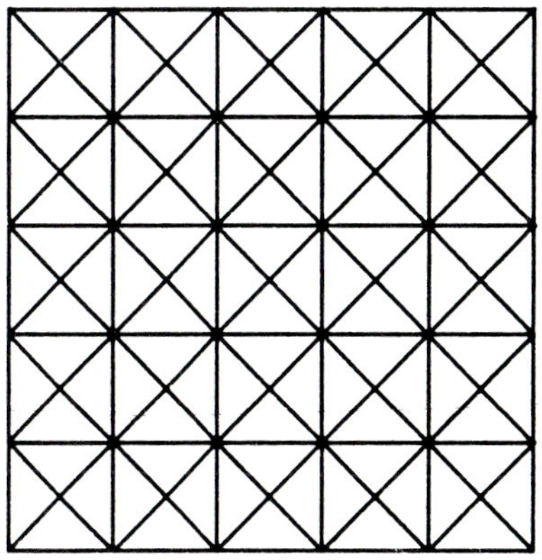

Entwürfe für einen Quilt aus gleich großen Quadraten. Einmal werden Zwischenstreifen miteingearbeitet.

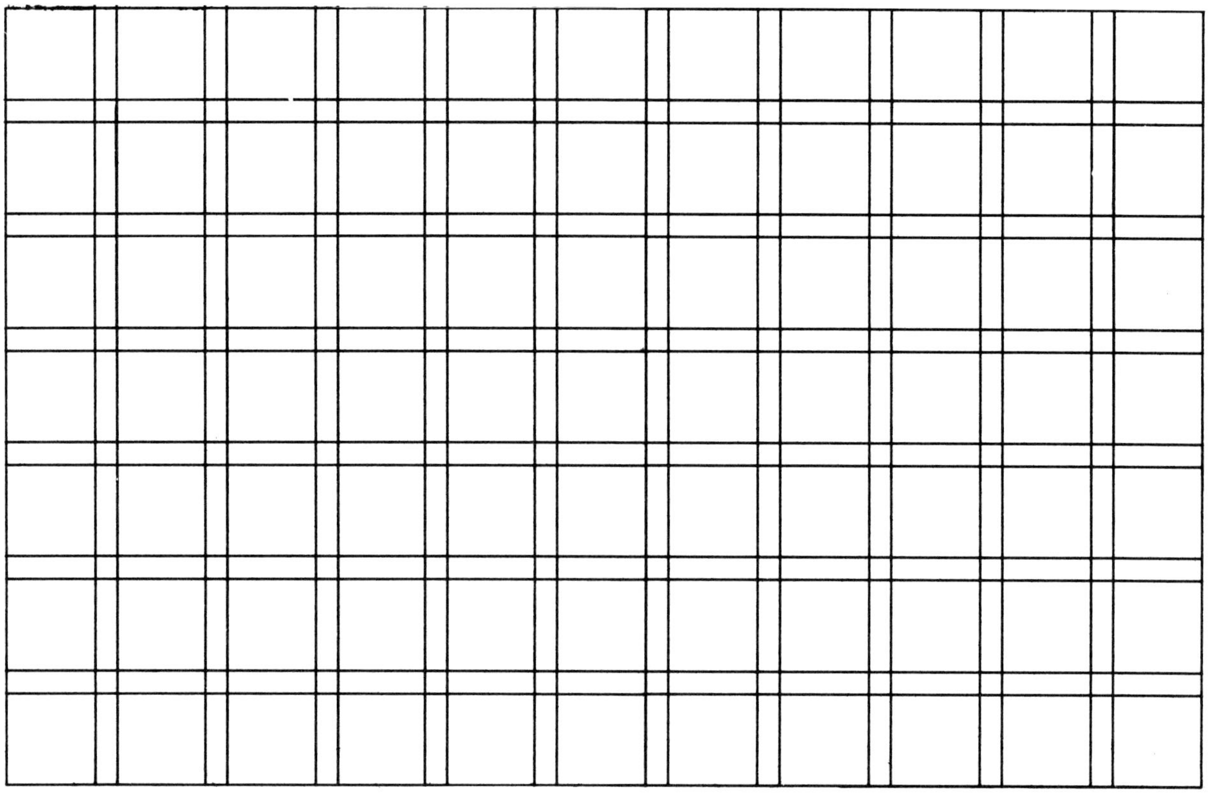

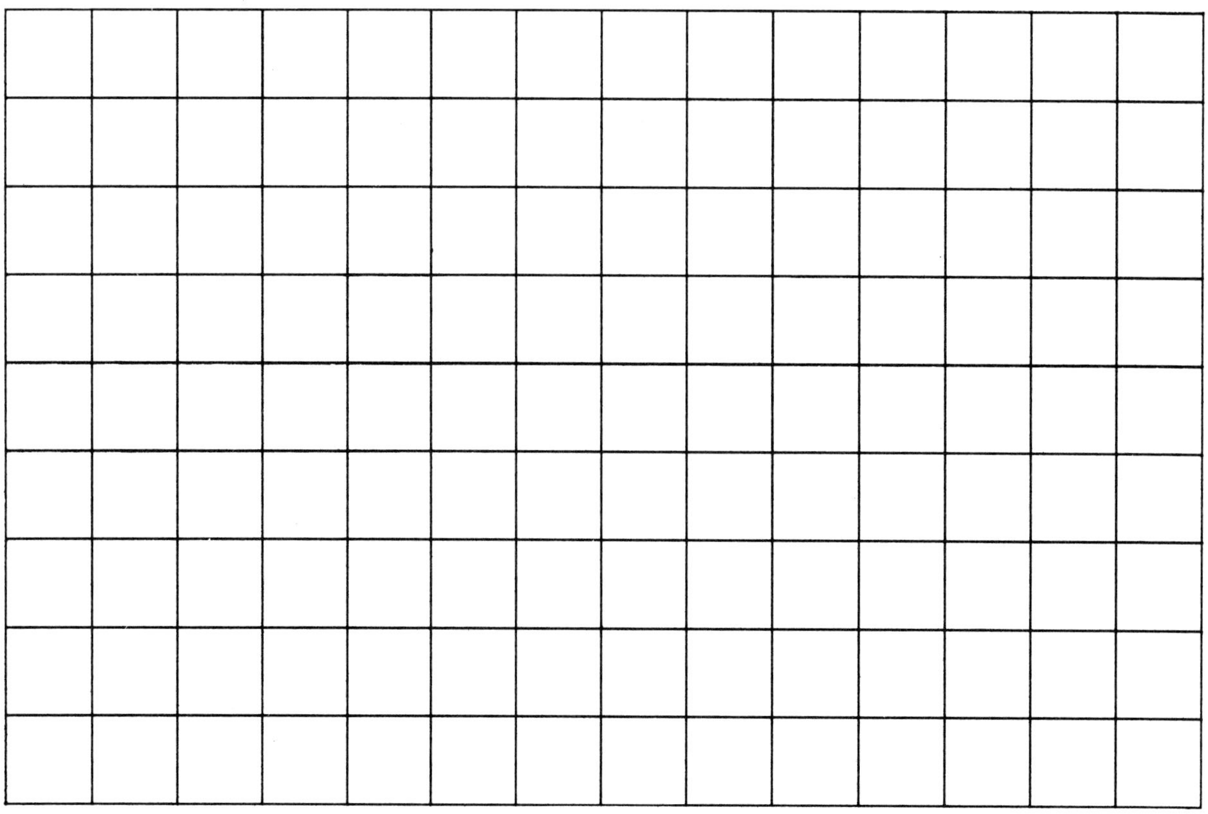

Eine Steppdecke aus gleich großen Vierecken, die auf der Spitze stehen, mit oder ohne Zwischenstreifen

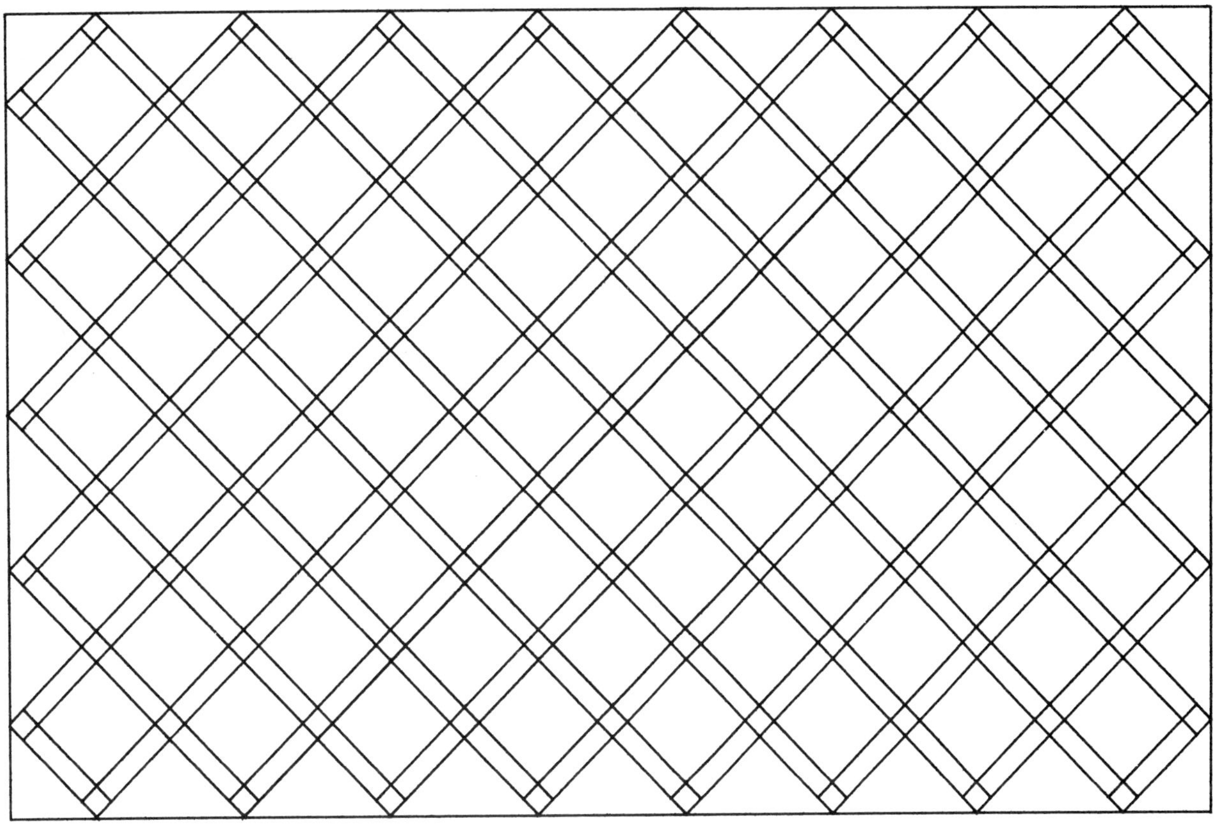

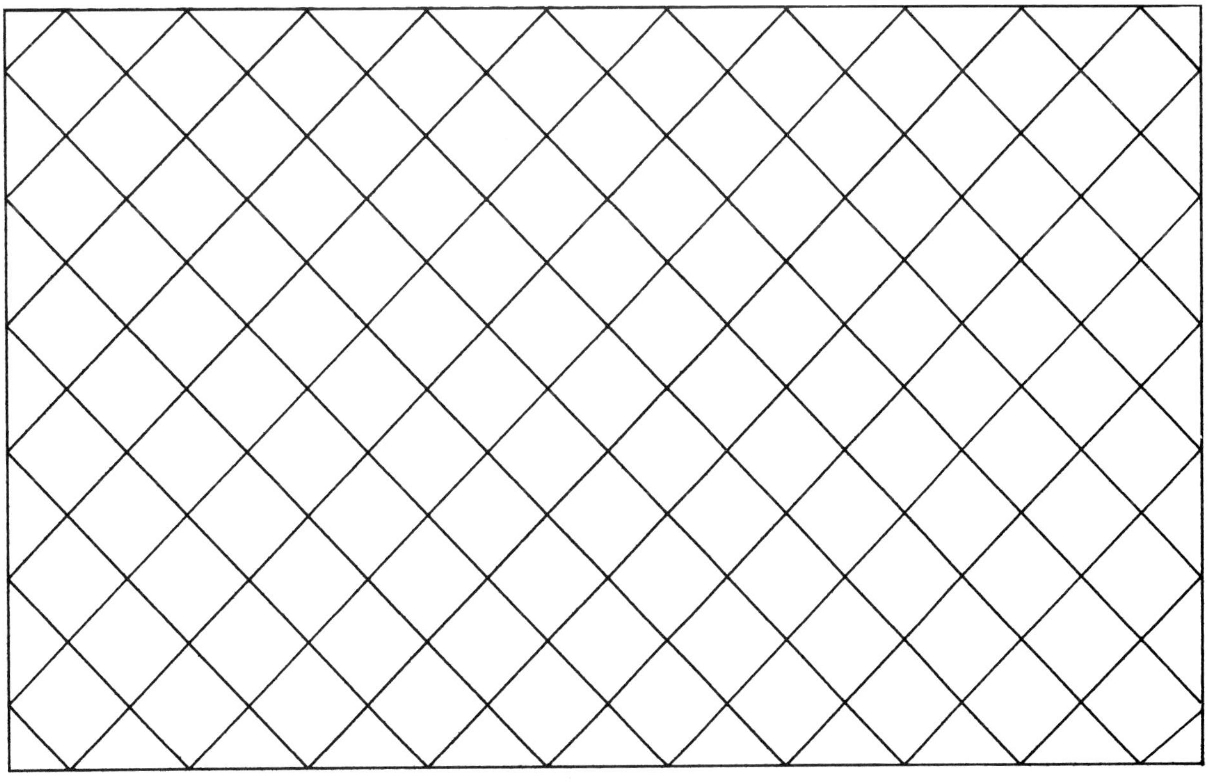

Das Fertigstellen der Oberseite

Patchworkmuster können auf unterschiedliche Weise zusammengestellt werden: entweder in Streifenanordnung, als Medaillon (d. h. von einem Mittelstück aus) oder als Gesamtblock.

- Für ein Streifenmuster fügt man zunächst die einzelnen Patchworkteile zu waagerechten Bändern zusammen, die dann an den langen Seiten zur fertigen Oberseite verbunden werden.
- Beim Medaillonquilt werden Bänder so lange um ein Mittelstück gesetzt, bis die Endgröße der Arbeit erreicht ist.
- Für einen Gesamtblock werden Einzelmuster wiederum zu waagerechten Streifen verbunden, die dann zu einer großen Komposition zusammengefügt werden.
- Randabschlüsse werden einzeln angefügt. Am besten beginnt man auch hier wieder mit den waagerechten Rändern und näht danach die senkrechten Ränder an.

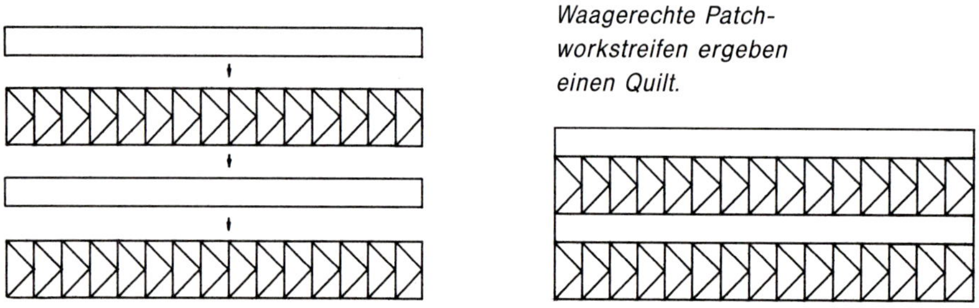

Waagerechte Patchworkstreifen ergeben einen Quilt.

Steppdecke aus dem 19. Jahrhundert in Streifenkomposition, typisch für Nordengland. Die Einzelstreifen zeigen das Muster „Flying Geese" (Fliegende Gänse).

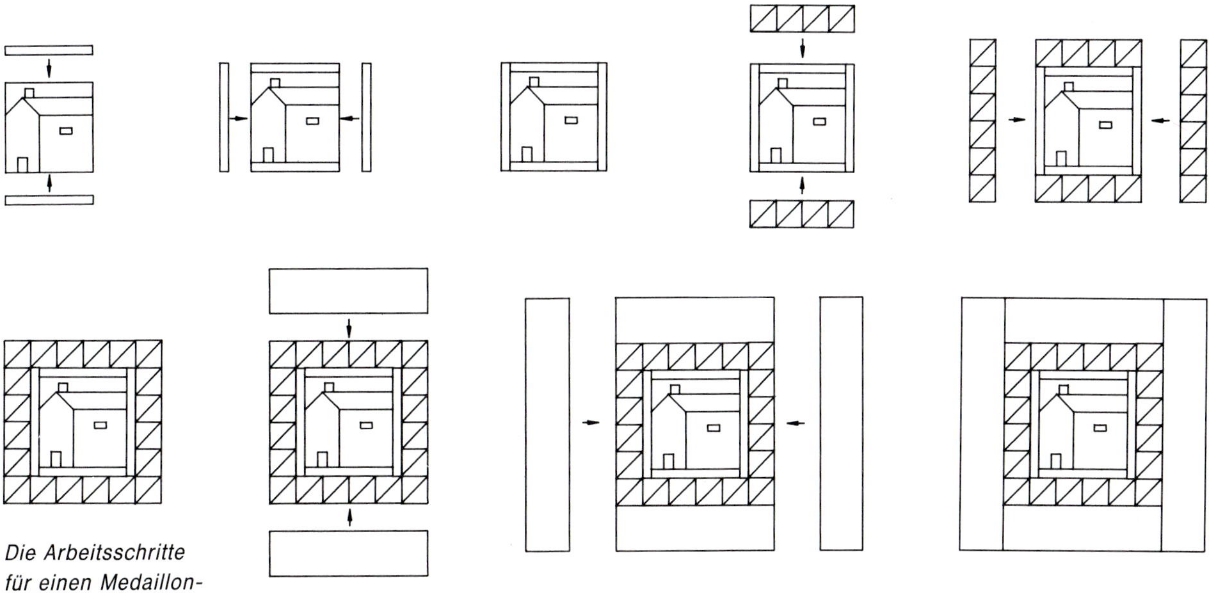

Die Arbeitsschritte für einen Medaillonquilt

Tischdecke mit Mittelmotiv, eingerahmt von abwechselnd schmalen und breiten Musterbändern. Zusätzlich aufgesetzte Applikationen (Broderie perse)

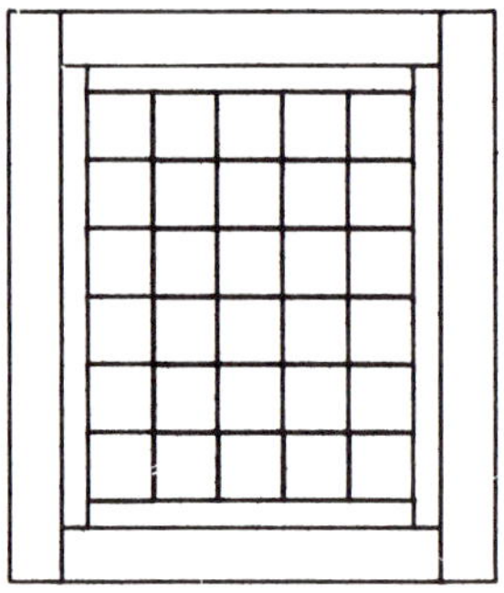

Arbeitsanleitung für Musterblöcke ohne Zwischenstreifen

In dieser Reihenfolge werden die Ränder angefügt.

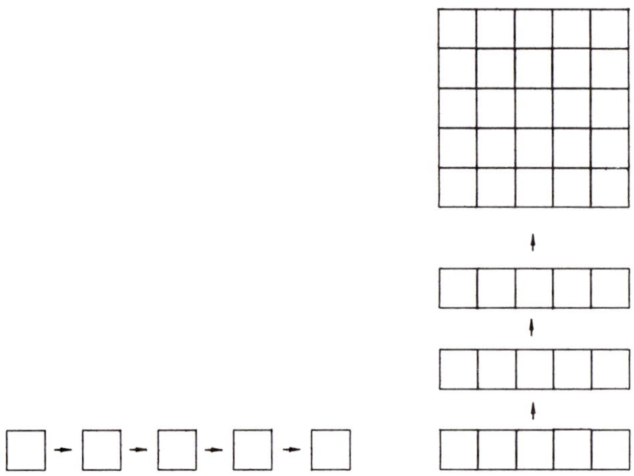

rechts: Für diesen Quilt „Monet's Garden“ (Monets Garten) wurden die Musterblöcke auf der Spitze stehend zusammengefügt. Die harmonische Komposition erinnert farblich an den berühmten Garten des französischen Malers.

Das Markieren des Steppmusters

Es gibt verschiedene Arten, ein Steppmuster auf dem Stoff zu markieren:

- Für gerade Linien können Sie außer Lineal und Winkel auch einen Klebestreifen verwenden, an dem Sie entlangquilten. Hinterher zieht man den Streifen einfach ab, ohne daß er häßliche Spuren hinterläßt.
- Wollen Sie ein Quiltmuster aus einem Buch oder einer Zeitschrift übernehmen, so machen Sie lediglich eine Fotokopie (oder eine Zeichnung mit Hilfe des Rasters von S. 12) in der gewünschten Größe und übertragen diese mit Schneiderkopierpapier auf Ihren Stoff.
- Im Fachhandel gibt es eine große Auswahl an fertigen Quiltschablonen aus Plastik.
- Ist Ihr Stoff hell und recht dünn, könnten Sie Ihr vorgezeichnetes Quiltmuster darunter legen und abpausen.
- Zum Markieren Ihrer Stepperei verwenden Sie einen Stift oder eine Nadel.
- Verwenden Sie einen selbstlöschenden Stift (dessen Strich durch Lufteinfluß verschwindet), müssen Sie sofort quilten, denn die Markierung löst sich in kürzester Zeit auf. Er ist daher für Anfänger nicht geeignet.
- Wir empfehlen auswaschbare Stifte, denn sie zeichnen klar und verschwinden erst bei der Wäsche, ohne Spuren zu hinterlassen.

Das Punktieren von Stepplinien mit der Nadel ist nur bei wenigen Stoffen möglich (bei Seiden- oder Baumwollsatin). Das ist allerdings eine Angelegenheit nur für Quiltexperten. Steppen Sie Ihr Quiltobjekt von Hand ab, so sollten Sie mit kleinen Vorstichen arbeiten. Dabei sollten Sie darauf achten, daß die Stiche möglichst klein und regelmäßig aussehen.

rechts oben: Quiltschablonen und ihre unterschiedliche Verwendung: Streifen, Ecken und Mittelstücke

rechts: Paradebeispiel für eine reich gesteppte Decke mit Blumenmotiven und geometrieschen Elementen

unten: Vorschläge für das Absteppen eines geometrischen Patchworkmusters

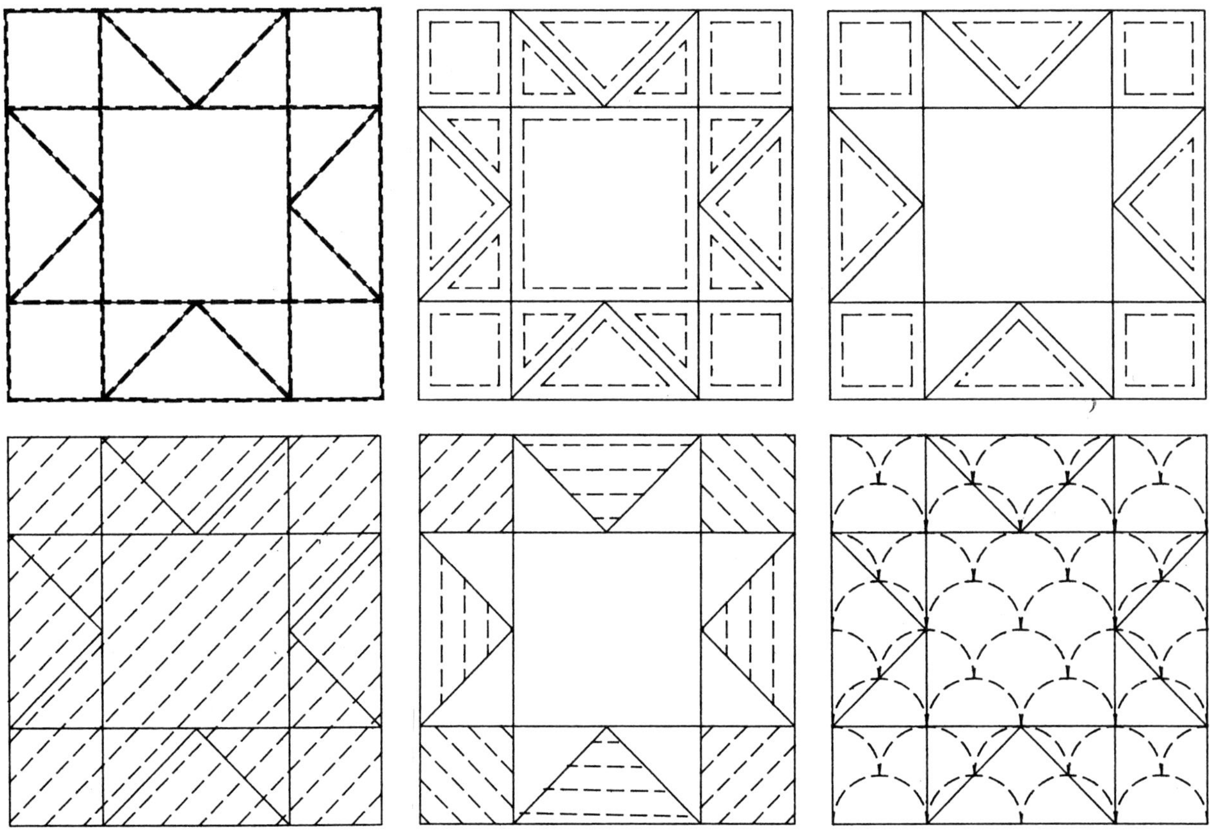

Das Entwerfen von Quiltmustern

rechte Seite: Beispiele für das Absteppen eines Randes

Es gibt eine Vielzahl von Mustern, die zum Quilten geeignet sind: Dabei sind Ihrer Fantasie keine Grenzen gesetzt. Lassen Sie sich von den alten Quilts inspirieren!
Für das Steppen gibt es keine festen Regeln: Sie können den Linien Ihres Patchworks folgen oder ein total unabhängiges Stepplininetz darüberlegen.
Oft wird ein Kontrast zwischen Patchworkmuster und Stepparbeit angestrebt, verspielt und geometrisch oder umgekehrt. Ein Quiltmuster kann sich über die ganze Oberseite hinziehen oder variiert werden; es kann das Patchworkmotiv wieder aufnehmen oder Symbole verwenden (die Ananas für Gastfreundschaft, Tauben für die Treue usw.), es kann aber auch ein Monogramm umrahmen.
Vielfach werden Blumen- und Blattmuster abgewandelt. Sie wirken nicht nur äußerst dekorativ, sondern lassen sich sowohl geometrisch als auch verspielt darstellen.
Egal, für welche Quiltmuster Sie sich entscheiden, ob geometrisch oder verspielt, gegenständlich oder abstrakt, symmetrisch oder asymmetrisch: Zeichnen Sie sie in jedem Fall auf Ihrem Stoff vor. Zuvor sollten Sie die Oberseite Ihres Quilts gut ausbügeln, denn das wird nach dem Abfüttern nicht mehr möglich sein. Achtung: Die Hitze Ihres Bügeleisens fixiert so manchen Bleistiftstrich! Überlegen Sie sich beim Entwerfen des Quilts auch, welche Farbwirkung Sie erzielen möchten. Die Auswahl der richtigen Farben ist für einen Quilt ganz entscheidend, denn der Betrachter nimmt zunächst die Farben wahr und sieht danach erst die Konturen des Musters.

unten: einige klassische Quiltmuster. Ein Motiv kann sich auf der ganzen Decke wiederholen oder nur auf Einzelpartien auftauchen.

Das Abfüttern

Als Füllung verwendet man Baumwolle, Wolle oder Polyestervlies. Besonders praktisch und hygienisch ist Polyester und wird daher heute am meisten benutzt. Es ist besonders für Allergiker zu empfehlen, weil es sich so leicht waschen läßt.
Vliese sind in verschiedenen Stärken auf dem Markt. Wofür wollen Sie Ihren Quilt verwenden? Welche Optik wünschen Sie? Soll der Quilt weich und schmiegsam aussehen, empfehlen wir Ihnen, das Füllmaterial aus einer Naturfaser (wie Wollvlies) zu wählen. Synthetische Vliese wirken immer etwas steifer, haben dafür aber den Vorteil der leichteren Waschbarkeit. Bei der Auswahl des Unterstoffes sollten Sie den Oberstoff mit berücksichtigen: Ist dieser ziemlich schwer und kompakt, sollte der zugehörige Unterstoff nicht leicht und locker gewebt sein. Sonst sieht man Ihre Stepperei eher auf der Unterseite als auf der Quiltoberseite! Auch die Stoffstrukturen von Ober- und Unterstoff sollten übereinstimmen. Bei der Farbauswahl des Futterstoffes hingegen können Sie Ihrer Phantasie freien Lauf lassen: Gerade überraschende Farbkontraste zwischen der Ober- und Unterseite können dem Quilt eine ganz individuelle Note verleihen!
Zum Abfüttern eines Quilts muß man:

- den Unterstoff mit der rechten Seite nach unten auf die Arbeitsplatte legen, darauf die Wattierung und darauf schließlich den Oberstoff (die Oberseite). Falls Ihre Arbeitsplatte nicht groß genug ist, müssen Sie auf dem Fußboden arbeiten.
- Nun fixieren Sie die drei Lagen mit Stecknadeln und heften sie zusammen. Sie müssen ziemlich dicht heften. So verschieben sich die Lagen später beim Steppen nicht und die Oberfläche wird schön glatt.

Heften Sie am besten strahlenförmig von der Mitte Ihres Quilts aus, oder legen Sie ein Netz aus Heftlinien darüber. Anstelle des Steckens und Heftens nimmt man heute vielfach speziell gebogene Sicherheitsnadeln aus dem Fachhandel.

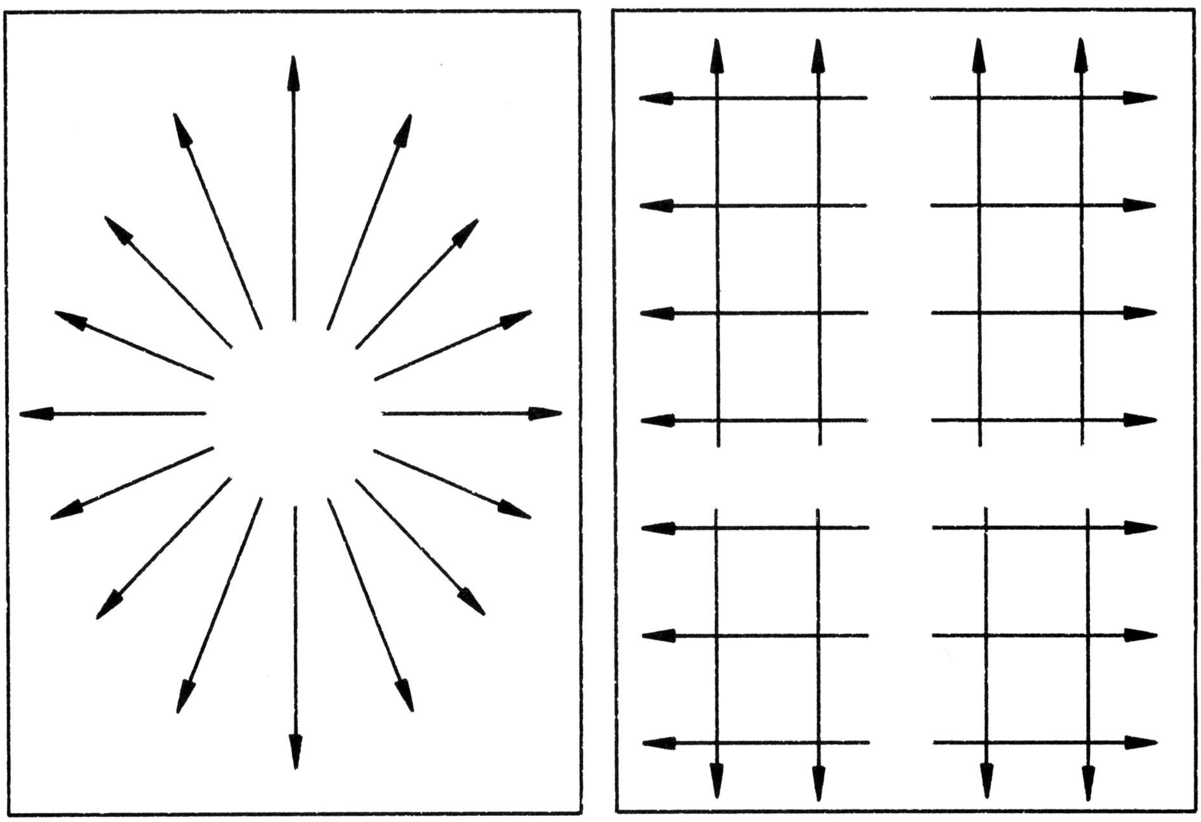

Als Vorbereitung zum Steppen wird das „Quiltsandwich" stern- oder netzförmig zusammengeheftet.

Das Absteppen

Wenn man mit der Hand absteppt, so verwendet man kleine Vorstiche. Ist Ihre Decke nicht sehr dick, können Sie auch drei oder vier Stiche auf die Nadel nehmen, bevor Sie den Faden durchziehen.
Ist Ihr „Quiltsandwich" dick, müssen Sie in zwei Schritten vorgehen: Zunächst ziehen Sie Ihre Nadel von oben nach unten durch die drei Lagen durch, dann den Faden von unten nach oben auf der Oberseite wieder heraus. Je kleiner und regelmäßiger Ihre Stiche auf Ober- und Unterseite aussehen, desto besser. Bei Quiltwettbewerben wird die Anzahl der Stiche pro Zoll bewertet. Die besten Ergebnisse erzielen Sie mit kleinen kurzen Nadeln, die dünn genug sind, um leicht durch den Stoff zu gleiten. Ob man einen Quiltrahmen benutzt, ist Geschmackssache. Falls Sie beim Steppen in zwei Schritten vorgehen, müssen Sie einen Rahmen verwenden.
Sollten Sie am Ende Ihrer Arbeit mit Ihrem Quilt oder Patchwork nicht zufrieden sein, so bedenken Sie, daß die Näherinnen früher bewußt Fehler in ihre Arbeit einbauten: Damit wollten sie vermeiden, den göttlichen Zorn auf sich zu ziehen, da nur Gott wirklich unfehlbar ist. Auch wenn Sie die Fehler nicht bewußt gemacht haben – Kritiker werden Ihnen verzeihen!

Randabschlüsse

Ihr Quilt kann mit verschiedenen Randabschlüssen versehen werden:

- Die Ränder der Oberseite werden über den Unterstoff nach hinten umgeschlagen,
- die Ränder des Unterstoffes werden um die Oberseite geschlagen,
- Ober- und Unterstoff werden verstürzt,
- die Arbeit wird mit einem zusätzlichen Streifen oder einem Band eingefaßt.

Die meisten alten Quilts tragen keine Herkunftsbezeichnung. Manchmal sind sie jedoch mit einem Monogramm versehen – das erleichtert das Sammeln.
Auch Sie können Ihren Namen aufsticken oder ihn mit Wäschetinte auf der Oberseite anbringen (z. B. in der Mitte eines Musterblocks oder am Rand). Sie können ihn auch auf der Rückseite vermerken. Am besten, Sie vermerken den Namen der Quilterin und des Empfängers (wenn es sich um ein Geschenk handelt) sowie Datum und Ort, Motiv oder Quiltnamen auf einem Stoffetikett, das Sie im Fachhandel bekommen. Das wird dann auf der Rückseite Ihrer Arbeit angebracht.
Über einen signierten Quilt freut sich der Empfänger sicher ganz besonders!
Wer möchte, kann auch eine zur Decke passende Tasche aus dem gleichen Stoff oder mit gleichem Muster anfertigen. Darin können Sie den Quilt auch aufbewahren und ihn vor Einflüssen durch Luft oder Licht schützen.
Wenn man besonders feine oder wertvolle Quilts besitzt, sollte man diese ab und an auslüften und wieder anders gefaltet zusammenlegen. Sonst bekommen sie dauerhafte Knicke oder werden an den Faltkanten beschädigt.

PROJEKTE

Quilt mit Herzgirlanden

Anleitung

- Schneiden Sie die Papierschablonen wie auf S. 80 beschrieben zu.
- Dann schneiden Sie die Grundquadrate von 30 x 30 cm zu.
- Bereiten Sie die Applikationen aus Stoff vor, und
- applizieren Sie jeweils 10 Herzen im Kreis auf jedes Grundquadrat.
- Danach setzen Sie die Musterblöcke zu 8 waagerechten Streifen zusammen,
- diese wiederum zur fertigen Decke.
- Zeichnen Sie Ihre Stepplinien auf.
- Nun schneiden Sie einen Unterstoff und Füllwatte von je 180 x 240 cm Größe zu.
- Oberstoff, Füllung und Unterstoff zusammenheften und durchsteppen.
- Schließlich werden die Außenränder mit einem Band oder einem weißen Streifen eingefaßt.

TECHNIKEN:
Piecing, Applikation, Steppen

MOTIV:
Herzgirlanden

GRÖSSE DES EINZELBLOCKS:
30 x 30 cm

SIE BRAUCHEN:
– bunte Stoffe
– weißen Stoff als Untergrund
– Füllwatte
– Unterstoff

Appliziertes Bärchen

TECHNIK:
Applikation

MOTIV:
Teddybär

GRÖSSE DES EINZELBLOCKS:
20 x 20 cm

SIE BRAUCHEN:
– bunte Stoffe für die Applikation
– einfarbigen oder zartgemusterten Stoff für das Grundquadrat

Anleitung

● Schneiden Sie Stoff und Papier entsprechend den Schablonen zu, die Sie auf S. 81 finden.

● Bereiten Sie die einzelnen Applikationen vor, und nähen Sie sie auf den Stoffgrund.

Das gleiche Motiv kann auch auf ein T-Shirt oder eine Tasche aufgesetzt werden.

Kleines Muschelbild

TECHNIK:
Applikation

MOTIV:
Muscheln

GRÖSSE DER MUSCHELN:
jeweils
7,5 x 7,5 cm
Größe des Bildes:
33 x 30 cm

SIE BRAUCHEN:
- bunte Stoffe für die Muscheln, Quadrate und den Rahmen
- Stoffgrund für das Rechteck

Anleitung

- Fertigen Sie nach den Papierschablonen der Vorlage von S. 82
- 18 Stoffapplikationen an.
- Nun sollten Sie ein Rechteck aus einem Stoffgrund von 24 x 20 cm zuschneiden.
- Aus 5 bunten Quadraten von 7,5 x 7,5 cm nähen Sie einen Streifen
- und fügen diesen an das Stoffrechteck an.
- Nun applizieren Sie 4 Muscheln mit Vorstichen auf den bunten Streifen.
- Auf diese Reihe werden nun 3 Muscheln versetzt appliziert, die die zweite Reihe bilden.
- Die dritte Reihe bilden wieder 4 Motive.
- Nach dem gleichen Schema verfahren Sie , bis der Stoffgrund ganz bedeckt ist.
- Überstehende Teile der Applikationen werden abgeschnitten.
- Fassen Sie das Bild mit einem 5 cm breiten Stoffstreifen ein.

Babydecke mit Muschelmotiven in hellen blau-weißen Farbtönen.

Decke mit Kindern

TECHNIKEN:
Applikation, Steppen

MOTIV:
„Sunbonnet Sue und ihre Freunde"

GRÖSSE:
75 x 115 cm

SIE BRAUCHEN:
- **weiße, grüne und rote Stoffe für die Oberseite**
- **bunte Stoffe zum Applizieren**
- **Füllung**
- **Unterstoff**

Anleitung

- Schneiden Sie die Papierschablonen wie auf S. 83 beschrieben aus.
- Bereiten Sie damit Applikationen für 5 Jungen (A) und 4 Mädchen (B) vor.
- Auf Ihren Stoffgrund von 45 x 80 cm
- applizieren Sie diese Figuren mit Hilfe des Nähplans auf S. 101.
- Setzen Sie den ersten Rahmen von 4 cm, den zweiten von 4 cm und den dritten von 7 cm (+5 cm Umschlag) an.
- Füllung und Unterstoff von 75 x 115 cm zuschneiden,
- die 3 Lagen zusammenheften und quilten.
- Schließlich schlagen Sie den Außenrand des Oberteils als Randabschluß nach hinten um und nähen ihn fest.

Wandbehang „Dorf in Afrika"

TECHNIKEN:
Applikation, amerikanisches Piecing, Steppen

MOTIV:
Figuren

GRÖSSE DER EINZELBLÖCKE:
20 x 20 cm
Größe der Decke:
120 x 96 cm

SIE BRAUCHEN:
- **bunte Stoffe**
- **braunen Stoff für die Körperteile**
- **beigefarbenen Stoff für die Einzelblöcke**
- **karierten Stoff**
- **grünen Stoff für die Zwischenquadrate**
- **Füllung**
- **Unterstoff**

Anleitung

● Papierschablonen wie auf S. 84 beschrieben zuschneiden
● und damit Applikationen vorbereiten.
● Dann schneiden Sie 20 Grundquadrate von 20 x 20 cm zu,
● die Zwischenstreifen in einer Breite von 4 cm
● und die kleinen grünen Quadrate von 4 x 4 cm.
● Füllung und Unterstoff sollten 120 x 96 cm groß sein.
● Auf jedes Grundquadrat wird eine Figur appliziert.
● Jeweils fünf fertige Grundquadrate werden mit Zwischenstreifen zu waagerechten Bändern zusammengenäht.
● Ebenso werden fünf schmale Streifen mit den kleinen grünen Quadraten verbunden.
● Die fertigen Bänder zusammenfügen
● und den Außenrand von 2 cm (+5 cm Umschlag) annähen.
● Dann sticken Sie bei jeder Figur Mund und Augen auf.
● Nun werden Oberstoff, Füllung und Unterstoff geheftet und gesteppt.
● Als Randabschluß wird der obere Außenrand um den Unterstoff umgeschlagen und festgenäht.

Quilt im Schachbrettmuster

Anleitung

- Schneiden Sie viele Einzelquadrate in der Größe von jeweils 4 x 4 cm aus unterschiedlichen Stoffen zu.
- Nähen Sie erst paarweise, dann zu Viererblöcken wie im Schnittplan 2 auf S. 85 zusammen.
- Einzelblöcke von 8 x 8 cm dazwischensetzen wie in den Bildern 3 und 4 und auf diese Weise Neunerblöcke herstellen.
- Nun fügen Sie Einzelquadrate der Größe 24 x 24 cm zwischen die Neunerblöcke, und zwar so, daß sich zuerst waagerechte Bänder ergeben, die zu einer Oberseite verbunden werden.
- Füllung und Unterstoff von 216 x 240 cm zuschneiden,
- mit der Oberseite zusammenheften und absteppen.
- Die Ränder einfassen.

TECHNIKEN:
amerikanisches Piecing, Steppen

MOTIV:
Neunervariation im Schachbrettmuster

GRÖSSE DER EINZELBLÖCKE:
24 x 24 cm
Größe des Quilts:
216 x 240 cm

SIE BRAUCHEN:
– blaugrundige Stoffe mit unterschiedlicher Musterung
– blaugrundigen Stoff für die großen Quadrate
– Füllung
– Unterstoff

Decke mit 16 Quadraten

TECHNIKEN:
amerikanisches Piecing, Steppen

MOTIV:
Viererblock

GRÖSSE DES EINZELBLOCKS:
24 x 24 cm
Größe der Decke:
252 x 288 cm

SIE BRAUCHEN:
- **bunte Stoffe**
- **graues Material für die Zwischenstreifen**
- **rosa Stoff für die Zwischenquadrate**
- **braunen Stoff für den ersten Rahmen**
- **beigen Stoff für den zweiten Rahmen**
- **Füllung**
- **Unterstoff**

Anleitung

- Quadrate der Seitenlänge 6 x 6 cm für die Viererblöcke,
- graue Zwischenstreifen von 12 cm
- und rosa Zwischenquadrate von 12 x 12 cm zuschneiden.
- Den ersten braunen Rahmen 6 cm breit und den zweiten beigen 18 cm (+5 cm Randumschlag) breit bereitlegen.
- Füllung und Unterstoff sind je 252 x 288 cm groß.
- Die Blöcke und Zwischenstreifen gemäß Schnittplan auf S. 85 zuerst zu waagerechten Bändern zusammensetzen, die dann die Oberseite ergeben.
- Schließlich fügen Sie die Rahmen an.
- Oberstoff, Füllung und Unterstoff heften und quilten.
- Die Decke säumen, indem die Ränder um den Unterstoff nach hinten umgeschlagen werden. Sie bilden einen schönen Abschluß.

Fächerquilt

Anleitung

● Grundschablonen wie auf S. 86 beschrieben aus Papier zuschneiden.
● Stoff zuschneiden.
● Je einen Streifen von 6 cm für den ersten, einen von 16 cm für den zweiten und einen von 18 cm für den dritten Rahmen vorbereiten.
● Zunächst die Einzelblöcke zu Bändern, dann
● zum Oberstoff zusammenfügen.
● Nähen Sie nun die Ränder an und
● zeichnen die Stepplinien auf.
● Füllung und Unterstoff von je 180 x 202 cm werden mit dem Oberstoff zusammengeheftet und abgesteppt.
● Schließlich werden die Bogenkanten des äußeren Rahmens verstürzt und um den Quilt genäht. Achten Sie darauf, daß in den Ecken ein schöner Bogen entsteht.

TECHNIKEN:
amerikanisches Piecing, Steppen

MOTIV:
„Fans" (Fächer)

GRÖSSE DES EINZELBLOCKS:
20 x 20 cm
Größe des Quilts:
180 x 202 cm

SIE BRAUCHEN:
- **4 verschiedene Stoffe für die Fächer und den zweiten und dritten Rahmen**
- **weißen Stoff für den Fond und den ersten Rahmen**
- **Füllung**
- **Unterstoff**

Detail des Fächerquilts mit Bogenkante an drei Seiten

Quilt „Dreiecke“

TECHNIKEN:
amerikanisches Piecing, Quilten

MOTIV:
„Fliegende Vögel“

GRÖSSE:
180 x 240 cm

SIE BRAUCHEN:
- **uni Stoffe**
- **Füllung**
- **Unterstoff**

Anleitung

● Weiße, graue und schwarze Dreiecke von 15 x 15 x 21 cm
● werden sorgfältig zu Quadraten zusammengenäht,
● die Quadrate wiederum zu Bändern (siehe S. 88)
● und zur Decke zusammengefügt.
● Füllung und Unterstoff messen 180 x 240 cm.
● Oberstoff, Füllung und Unterstoff werden zusammengeheftet und gequiltet.
● Die Ränder werden mit einem dünnen Band einpaspeliert, d. h. eingefaßt.

T-Shirt mit Blockhaus-Applikation

TECHNIK:
amerikanisches Piecing

MOTIV:
„Log Cabin"

GRÖSSE:
16 x 12 cm

SIE BRAUCHEN:
- bunte Stoffe
- T-Shirt
- Unterstoff

Anleitung

● Schneiden Sie die Streifen nach dem folgenden Schema auf S. 89 zu:

Nr. 1 4 x 4 cm
Nr. 2 4 x 2 cm
Nr. 3 6 x 2 cm
Nr. 4 6 x 2 cm
Nr. 5 8 x 2 cm
Nr. 6 8 x 2 cm
Nr. 7 10 x 2 cm
Nr. 8 10 x 2 cm
Nr. 9 12 x 2 cm
Nr. 10 12 x 2 cm
Nr. 11 12 x 2 cm

● Alle Seiten umschlagen, und das „Log Cabin" auf Ihr T-Shirt nähen. Sie können das Motiv auch mit kleinen Zickzackstichen applizieren.

Tischset „Log Cabin“

TECHNIK:
amerikanisches Piecing

MOTIV:
„Log Cabin“

GRÖSSE:
40 x 28 cm

SIE BRAUCHEN:
– bunte Stoffe für das „Log Cabin“
– rechteckigen Unterstoff

Anleitung

● Schneiden Sie Streifen zu, und nähen Sie daraus das Motiv von S. 89 auf einen Unterstoff.

● Die Streifen sollten folgende Maße haben:

Nr. 1 4 x 4 cm
Nr. 2 4 x 3 cm
Nr. 3 7 x 3 cm
Nr. 4 7 x 3 cm
Nr. 5 10 x 3 cm
Nr. 6 10 x 3 cm
Nr. 7 13 x 3 cm
Nr. 8 13 x 3 cm
Nr. 9 16 x 3 cm
Nr. 10 16 x 3 cm
Nr. 11 19 x 3 cm
Nr. 12 19 x 3 cm
Nr. 13 22 x 3 cm
Nr. 14 22 x 3 cm
Nr. 15 25 x 3 cm
Nr. 16 25 x 3 cm
Nr. 17–21 jeweils 28 x 3 cm.

● Schlagen Sie die Ränder Ihres Unterstoffes über den Oberstoff, und steppen Sie sie mit der Nähmaschine knappkantig fest.

Gestreifte Tulpen

Anleitung

● Schneiden Sie Streifen verschiedener Breiten zu, und nähen Sie diese mit den langen Seiten zu einem Band zusammen.
● Fertigen Sie Grundschablonen wie auf S. 90 beschrieben an.
● Schneiden Sie entsprechende Teile aus diesem Band zu. Legen Sie die Schablonen dazu fadengerade entsprechend den aufgezeichneten Pfeilen auf.
● Nun applizieren Sie drei Tulpenblätter pro Blume auf den Stoffgrund.

TECHNIKEN:
amerikanisches Piecing (Streifen), Applikation

MOTIV:
Tulpen

GRÖSSE EINER TULPE:
13 x 10 cm

SIE BRAUCHEN:
– bunte Stoffe
– Stoffgrund
– grünes Schrägband

Tischdecke mit applizierten Blöcken in den Ecken und gestreiften Tulpen in der Mitte

Hexagon-Quilt

TECHNIKEN:
englisches Piecing, Steppen

MOTIV:
„Grandmother's Flower Garden"

SIE BRAUCHEN:
- **gemusterte Stoffe für die Sechsecke**
- **weißen Stoff**
- **Füllung**
- **Unterstoff**

Anleitung

● Bereiten Sie Papierschablonen wie auf S. 91 beschrieben vor,
● und schneiden Sie viele Stoffsechsecke aus.
● Bereiten Sie diese nach der englischen Methode vor, und
● setzen Sie jeweils 19 zu einer Blüte zusammen.
● Zwischen die Blüten setzen Sie nun eine Reihe von weißen Sechsecken und stellen so die Oberseite fertig.
● Heften Sie Oberstoff, Füllung und Unterstoff zusammen, und quilten Sie.
● Schneiden Sie einen schmalen weißen Stoffstreifen zu und paspelieren Sie den Rand.

Tischset mit Sechsecken

Anleitung

● Schablonen wie auf S. 91 anfertigen
● und aus Stoff nach der englischen Methode vorbereiten.
● Den Stoffgrund 50 x 35 cm und den Unterstoff 65 x 50 cm zuschneiden.
● Applizieren Sie nun die Sechsecke mit Vorstichen auf Ihren Stoffgrund,
● und schlagen Sie die Rückseite an den Rändern nach vorne um und steppen Sie diese knappkantig fest.

TECHNIKEN:
englisches Piecing, Applikation

MOTIV:
„Grandmother's Flower Garden"

GRÖSSE:
50 x 35 cm

SIE BRAUCHEN:
– einfarbige und gemusterte Stoffe
– Unterstoff

Quilt „Stern von Virginia“

TECHNIKEN:
englisches und amerikanisches Piecing, Quilten

MOTIV:
„Virginia Star“

GRÖSSE DES EINZELBLOCKS:
38 x 38 cm
Größe der Decke:
186 x 268 cm

SIE BRAUCHEN:
- **gemusterte Stoffe**
- **beigen Stoff für die Sterne, den Untergrund und die Zwischenstreifen**
- **Füllung**
- **Unterstoff**

Anleitung

● Stellen Sie Papierschablonen wie auf S. 92 her.
● Arbeiten Sie die Stoffapplikationen nach der englischen Methode.
● Schneiden Sie nun die Zwischenstreifen von 8 cm Breite, die Zwischenblöcke von 8 x 8 cm und die Randstreifen (10 cm für den rechten und linken Rand, 15 cm für den oberen Rand) zu.
● Stellen Sie die Einzelblöcke mit dem Stern von Virginia fertig.
● Nun setzen Sie weiße und bunte Dreiecke von 10 x 7 x 7 cm für einen unteren Rahmen zusammen
● sowie kleine Quadrate (5 x 5 cm) zu 6 waagerechten Streifen für den Rand.
● Die Motivblöcke werden nun mit den Zwischenstreifen zusammengesetzt,
● diese wiederum mit den Zwischenblöcken zur Oberseite zusammengefügt.
● Schließlich werden die Rahmenbänder angesetzt.
● Füllung und Unterstoff betragen 186 x 268 cm.
● Oberstoff, Füllung und Unterstoff werden geheftet und gesteppt.
● Schließlich wird die Decke mit einem weißen Band versäubert.

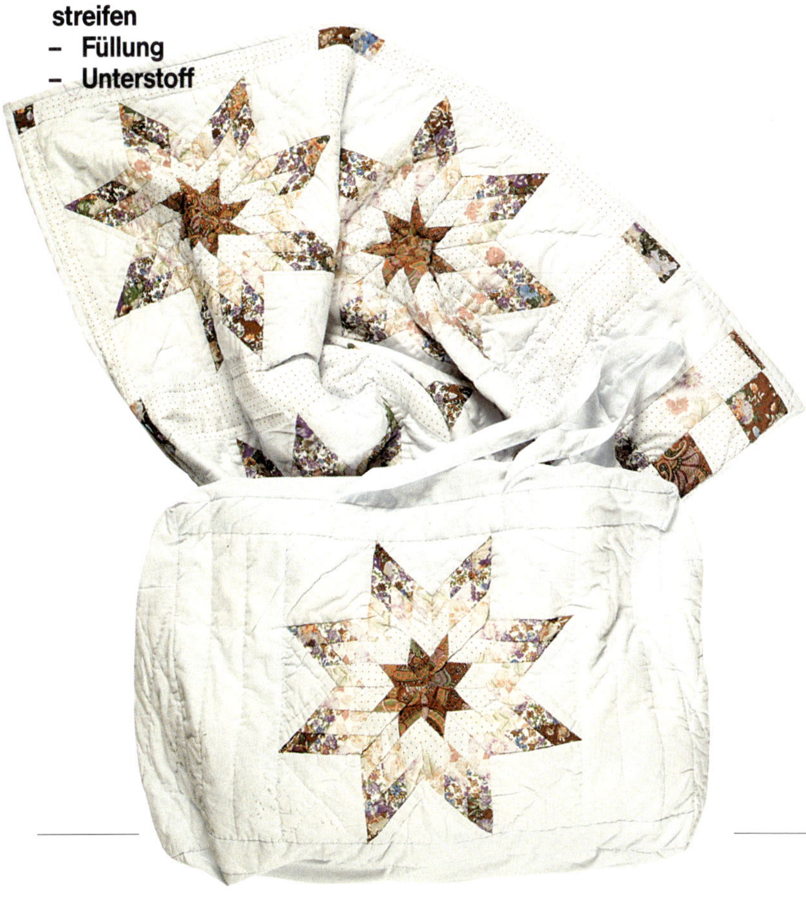

Eine zum Quilt passende Tasche aus den gleichen Stoffen im gleichen Muster

Quilt „Dresdner Teller“

TECHNIKEN:
englisches Piecing, Applikation

MOTIV:
Dresdner Teller

GRÖSSE DER MUSTERBLÖCKE:
25 x 25 cm
Größe des Quilts:
173 x 233 cm

SIE BRAUCHEN:
- **bunte Stoffe**
- **beigen Stoff**
- **Füllung**
- **Unterstoff**

Anleitung

● Schneiden Sie Papierschablonen wie auf S. 94 beschrieben (a-b-c) zu.
● Nun schneiden Sie Stoff für die Musterblöcke,
● die Zwischenstreifen von 5 cm, die Zwischenblöcke von 5 x 5 cm
● und den ersten Rahmen von 10 cm sowie den dritten von 7 cm (+5 cm Umschlag) zu.
● Die Stoffapplikationen werden zu den Musterblöcken und dem zweiten Rahmen zusammengenäht.
● Die Musterblöcke verbinden Sie dann mit den Zwischenstreifen zu waagerechten Bändern und diese wiederum mit den anderen Zwischenstreifen und Zwischenblöcken zur Oberseite.
● Schließlich setzen Sie die Rahmen an. Zeichnen Sie Ihre Stepplinien auf.
● Füllung und Unterstoff sollen 173 x 233 cm groß sein.
● Heften Sie erst Oberstoff, Füllung und Unterstoff zusammen, und quilten Sie sie dann.
● Zum Schluß wird der Rand über den Unterstoff umgeschlagen und festgenäht.

SCHABLONEN

Quilt mit Herzgirlanden

Appliziertes Bärchen

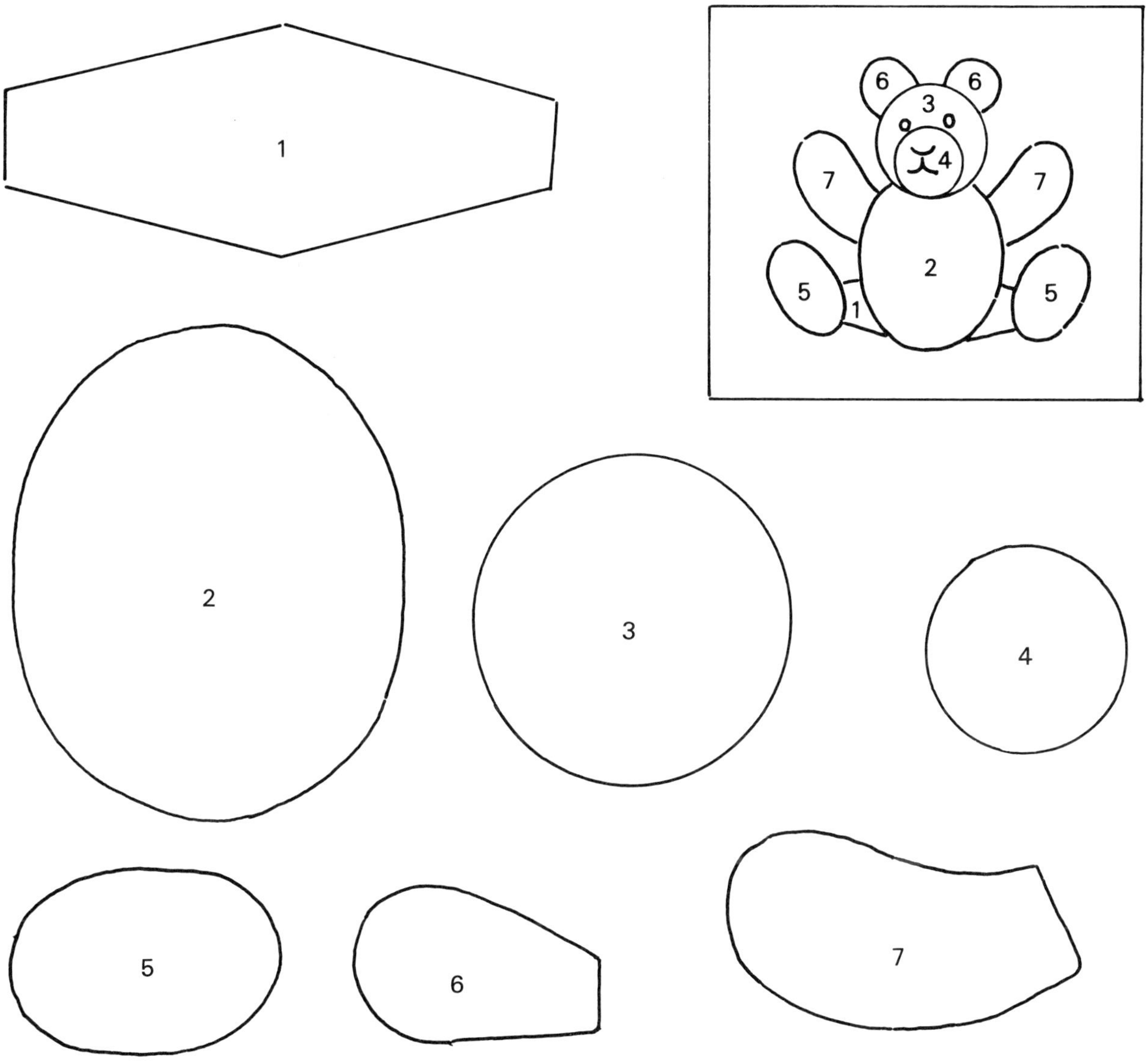

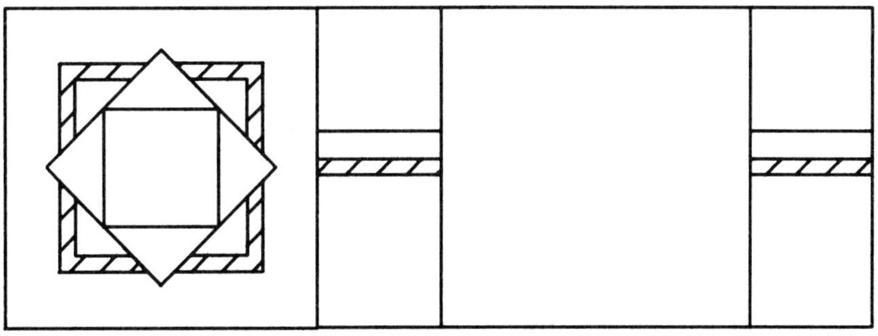

Schnitt- und Auflageplan für die Tasche mit Bärenapplikation

Kleines Muschelbild

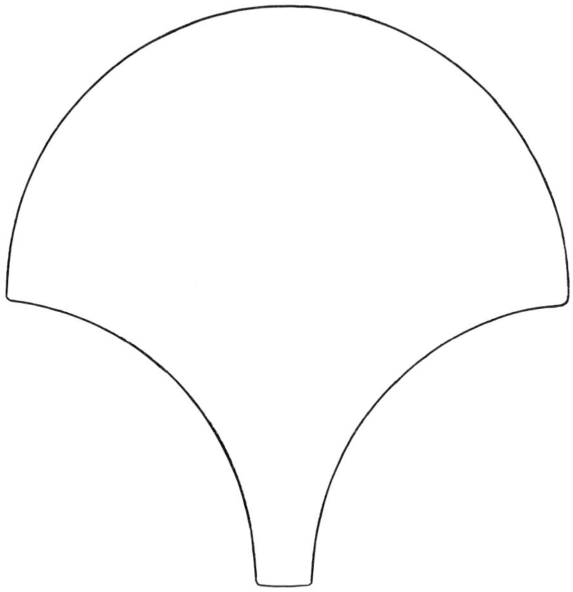

1

2

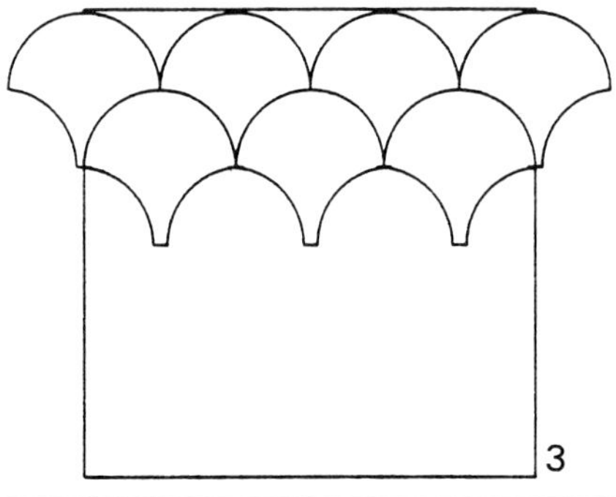

3

4

Decke mit Kindern

Wandbehang „Dorf in Afrika“

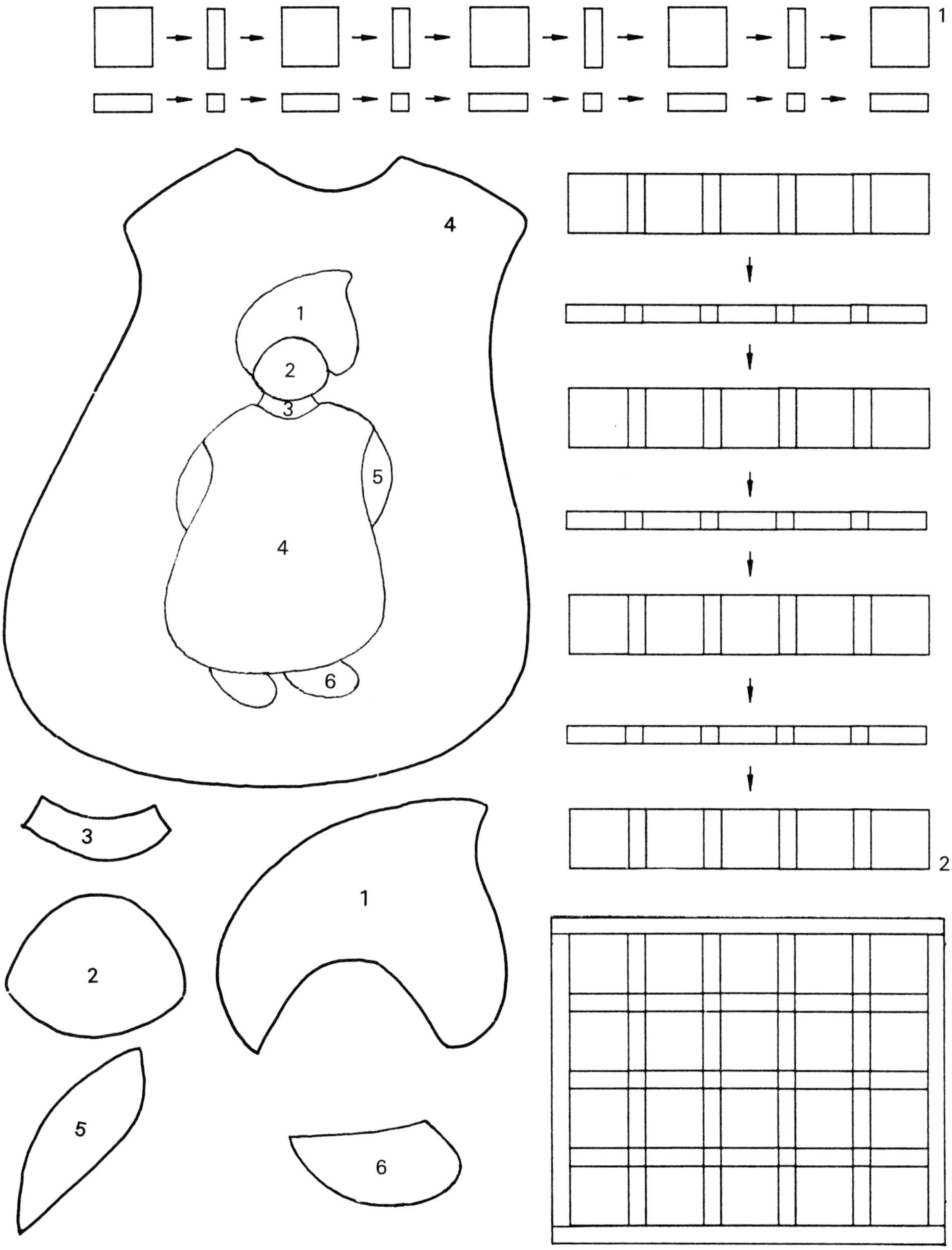

Quilt im Schachbrettmuster

1

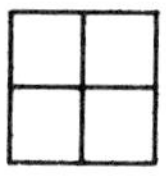

2

3

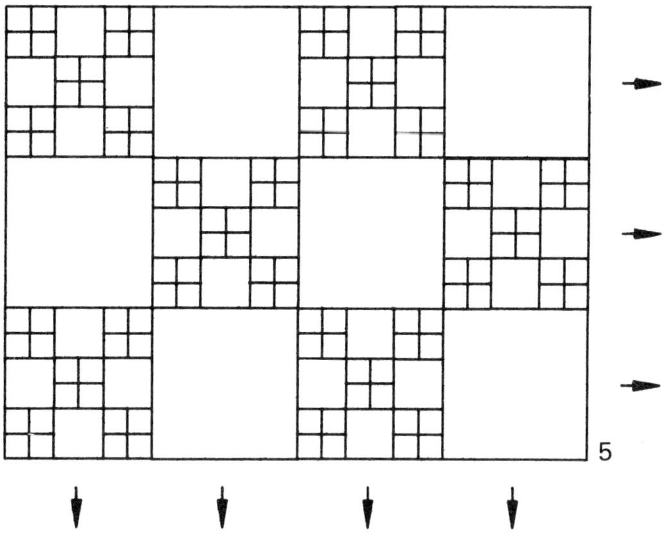

5

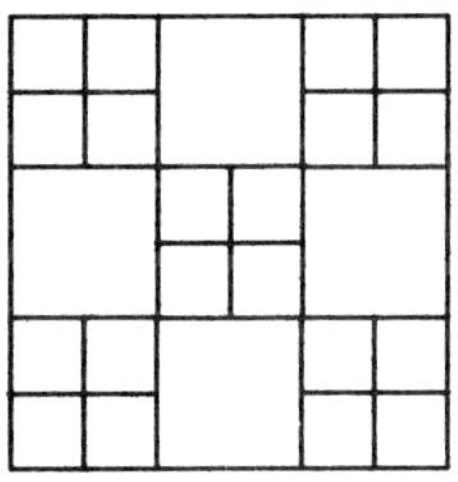

4

6

Arbeiten Sie bei der „Decke mit 16 Quadraten" (S. 67) nach dem gleichen Grundschema.

Fächerquilt

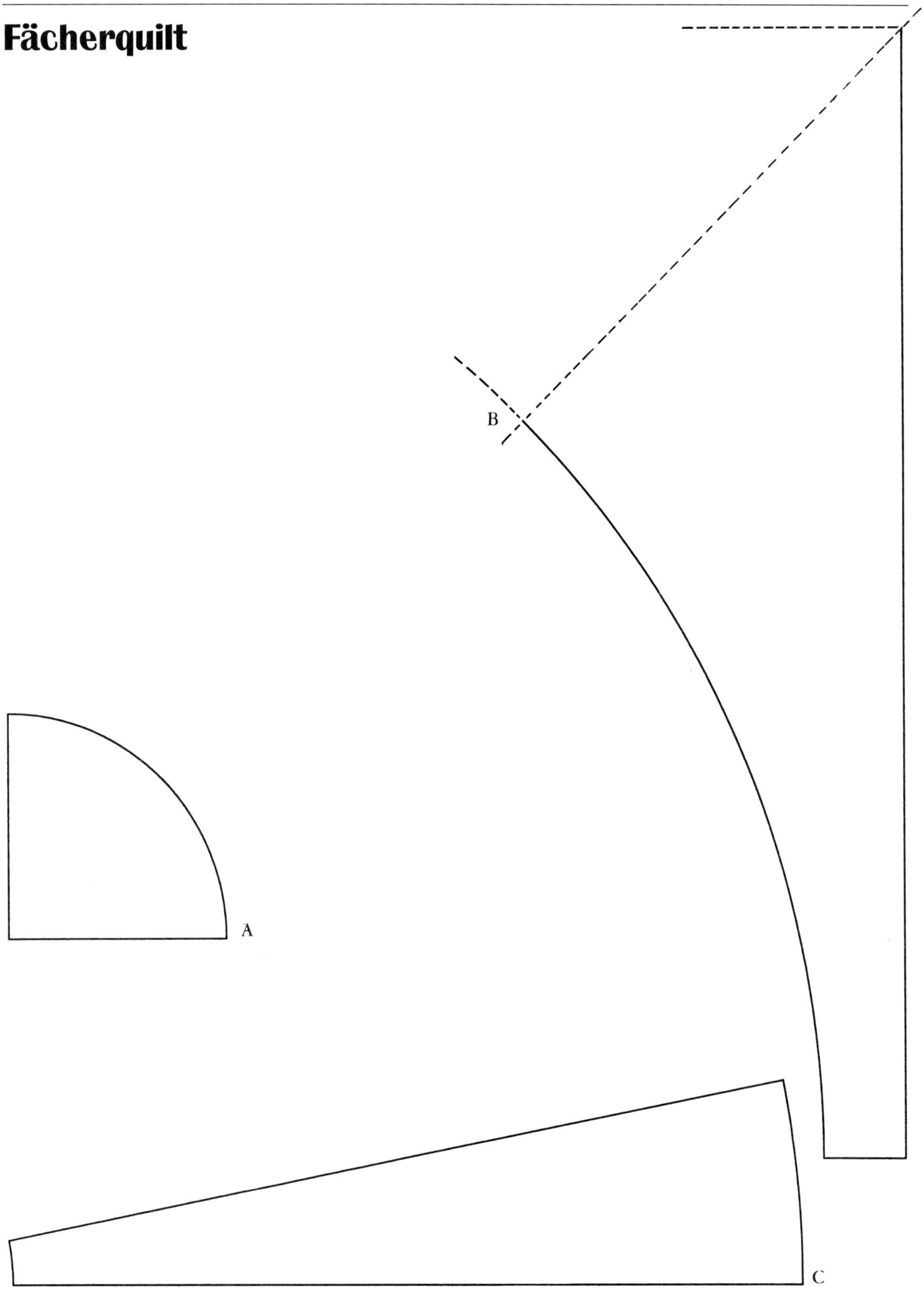

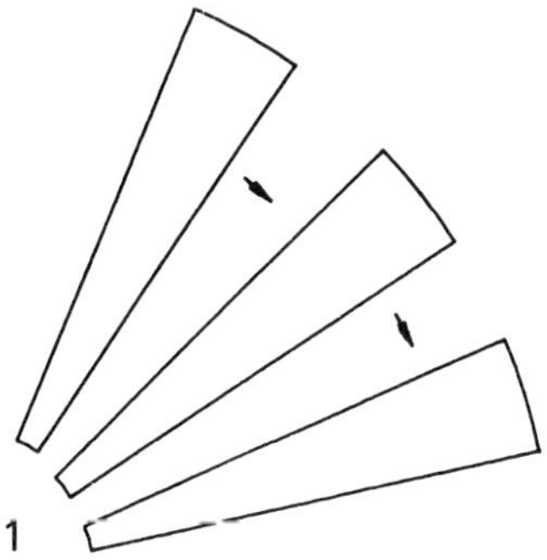

1

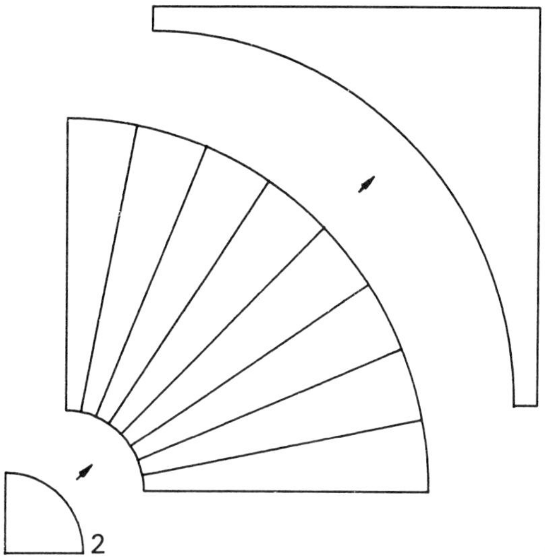

2

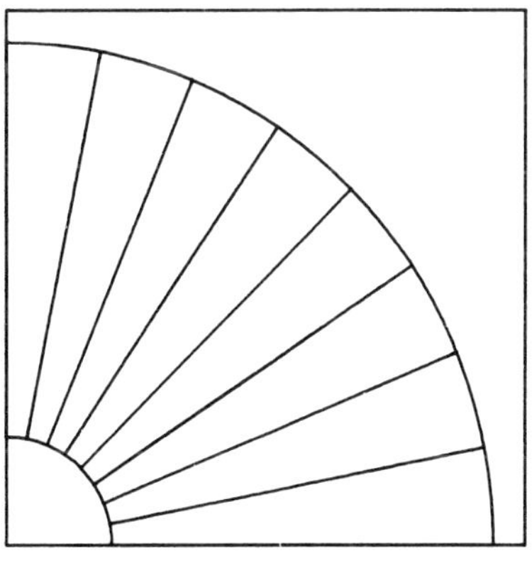

3

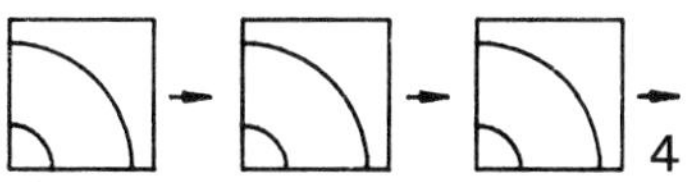

4

5

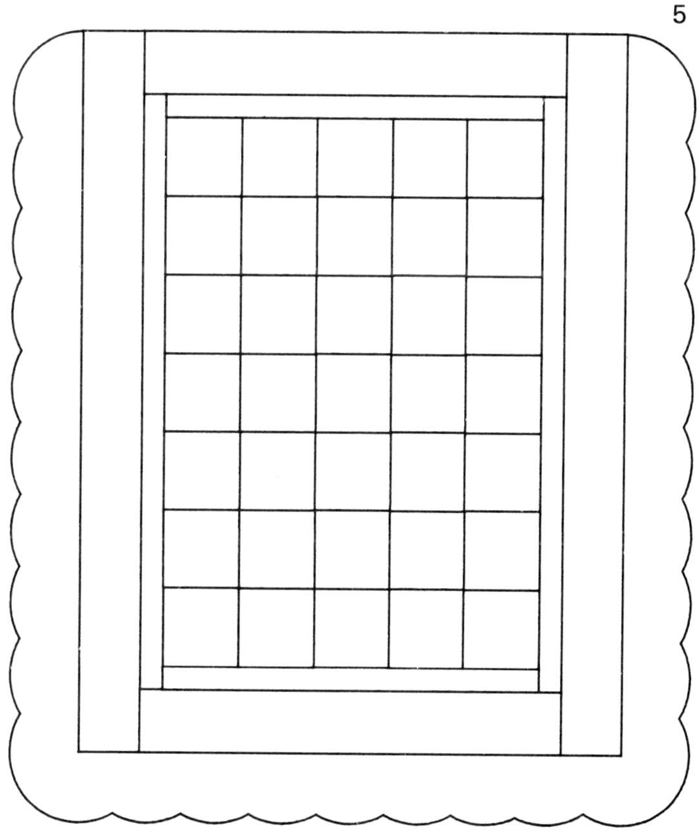

Quilt „Dreiecke“

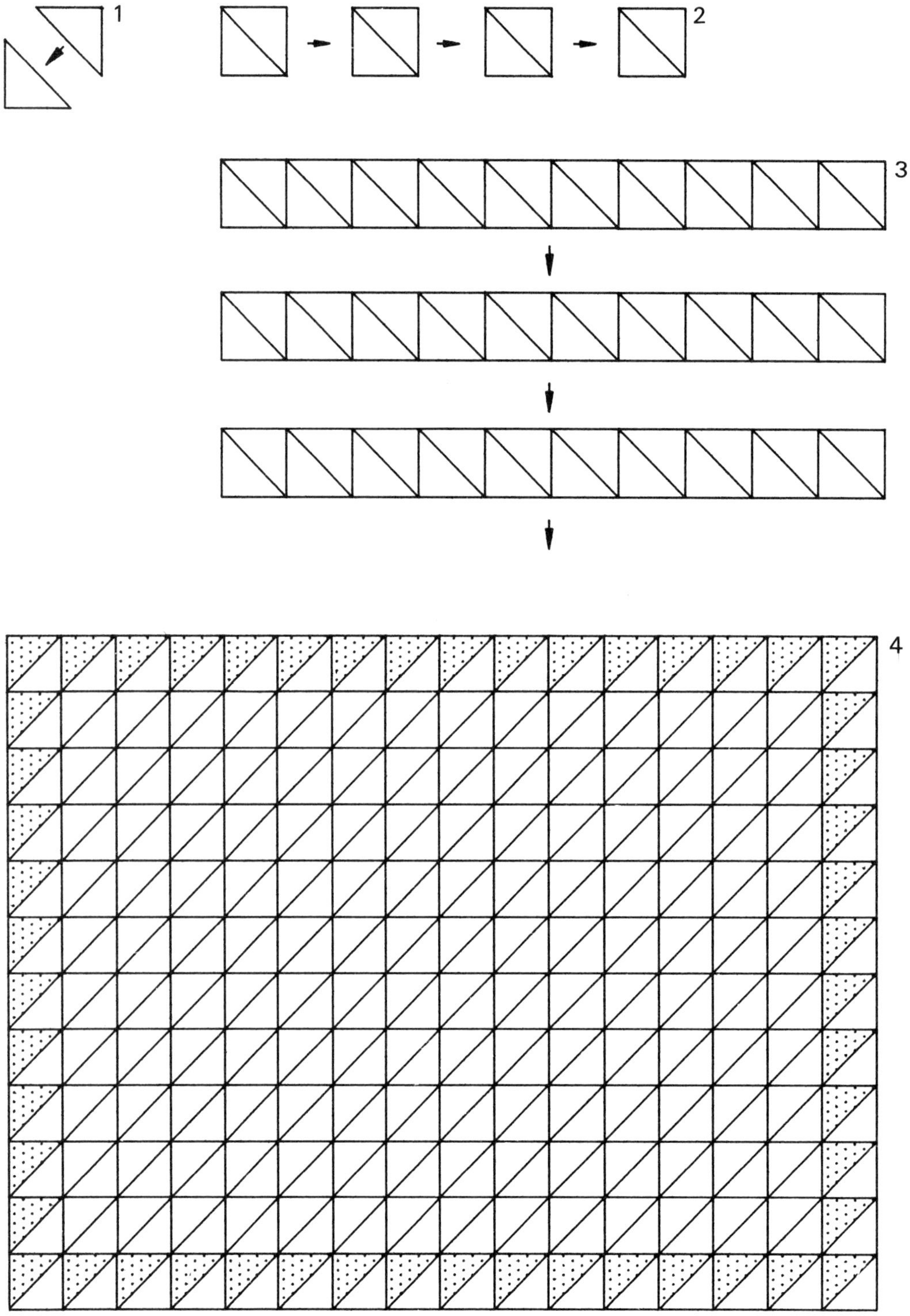

T-Shirt mit Blockhaus-Applikation
Tischset „Log Cabin"

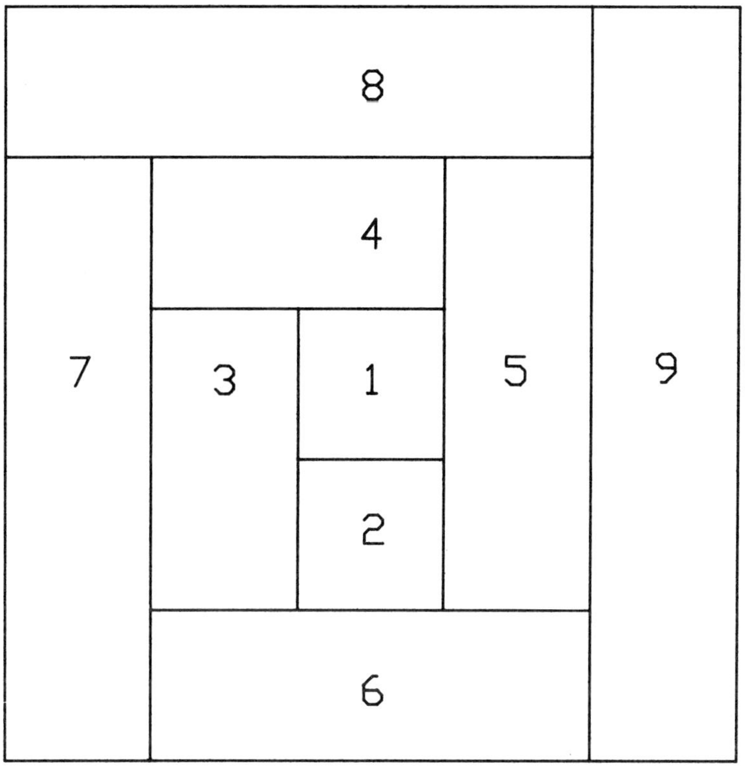

Wer möchte, kann auch einen Topflappen arbeiten. Links sehen Sie das entsprechende Schema

Schema für das Tischset

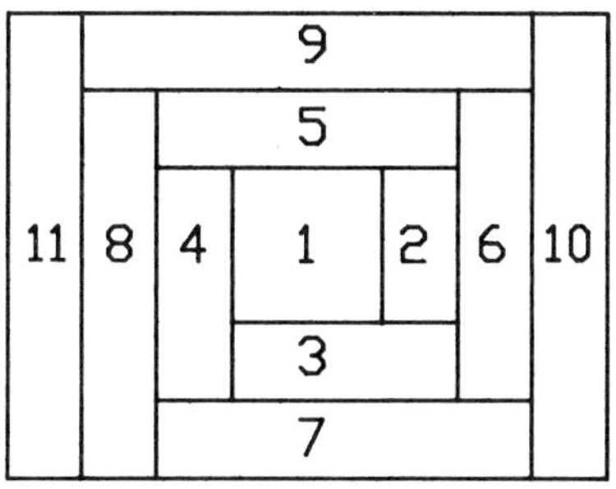

Schema für das T-Shirt

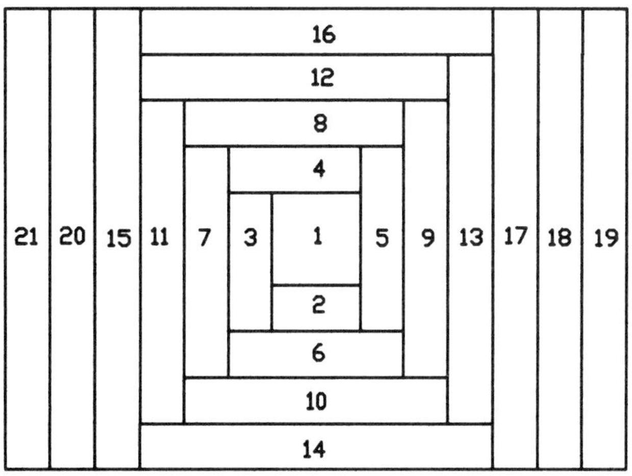

Gestreifte Tulpen

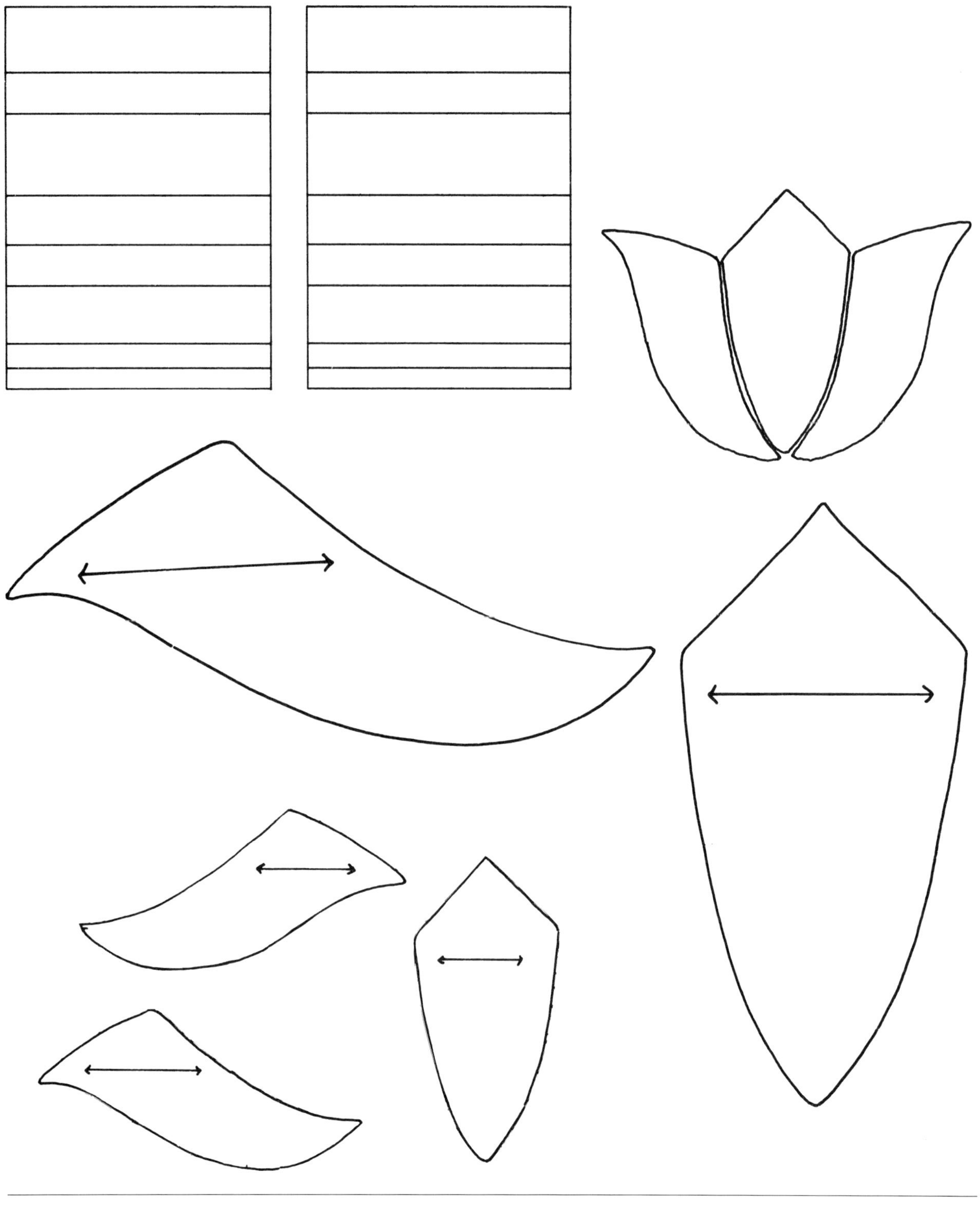

Hexagon-Quilt

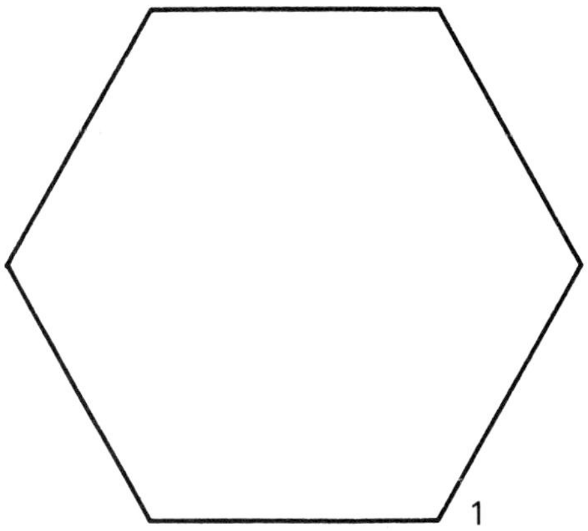

1

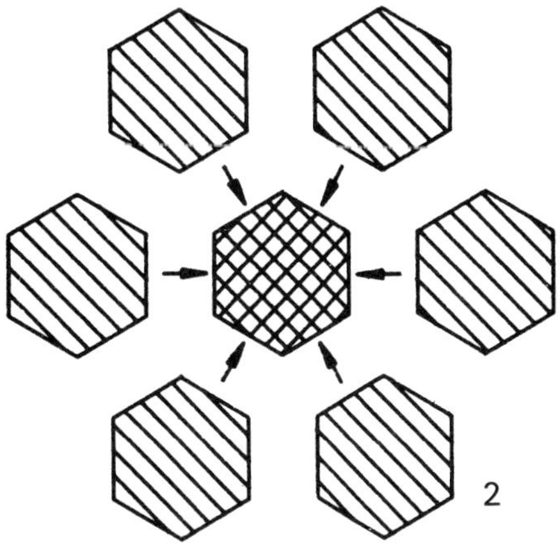

2

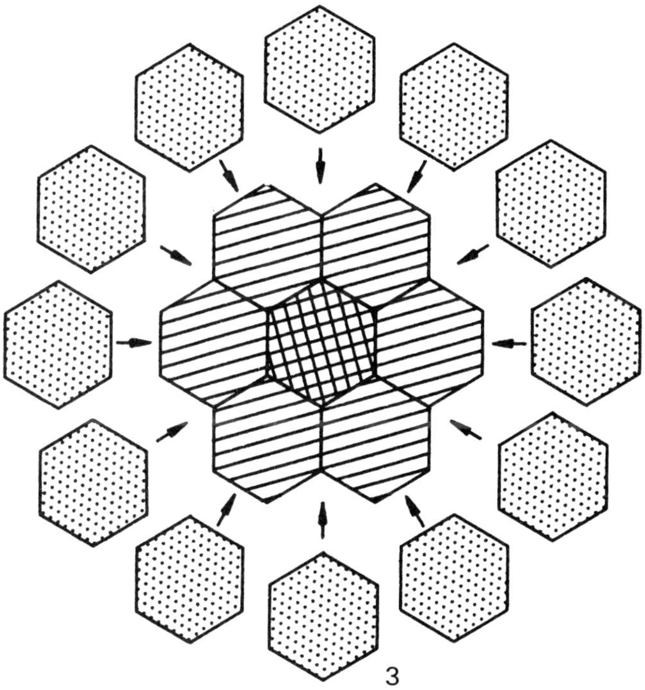

3

4

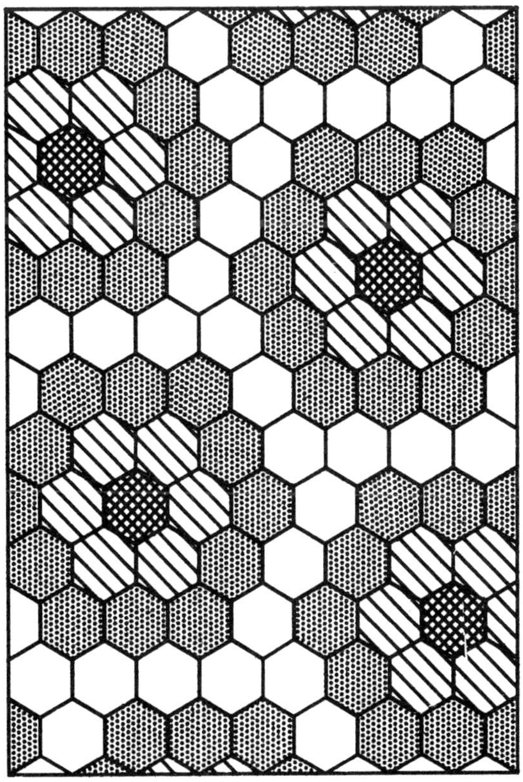

Nach derselben Vorlage arbeiten Sie auch das Tischset mit Sechsecken *(s. S. 74).*

Quilt „Stern von Virginia“

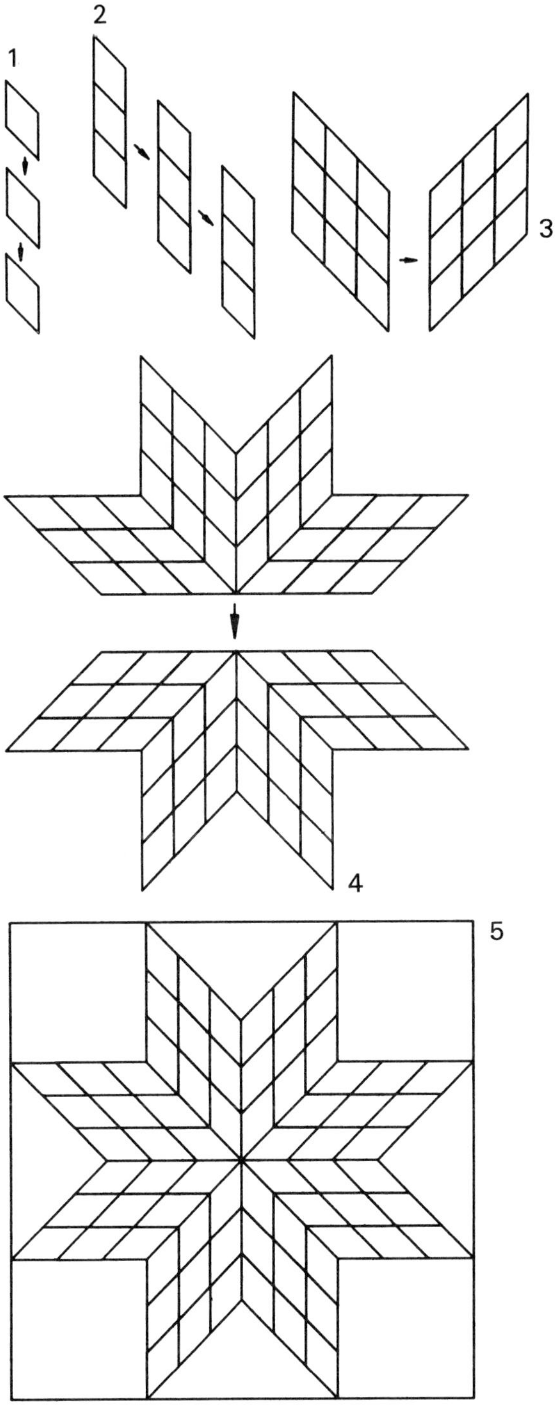
1
2
3
4
5

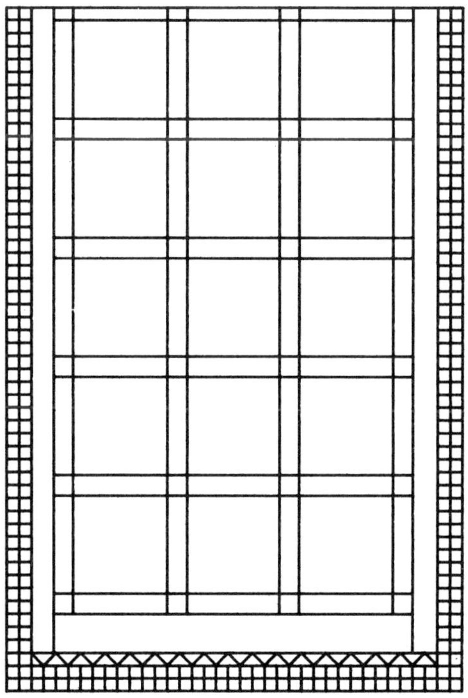

Quilt „Dresdner Teller“

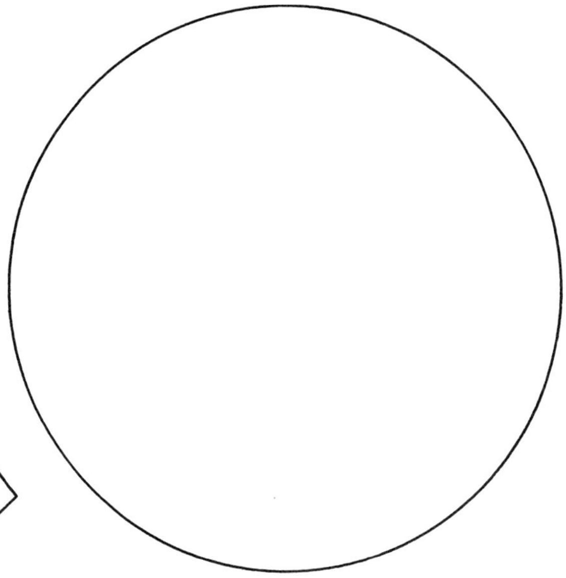

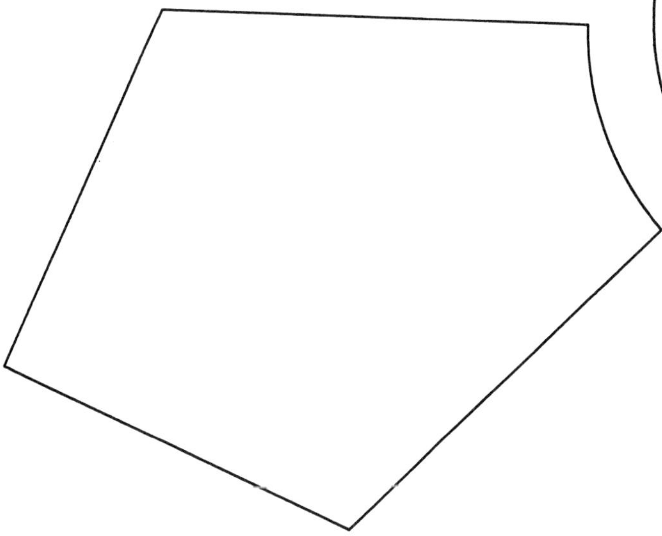

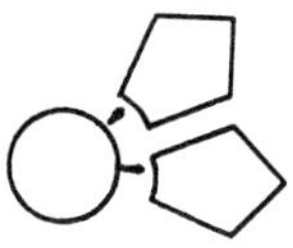
1

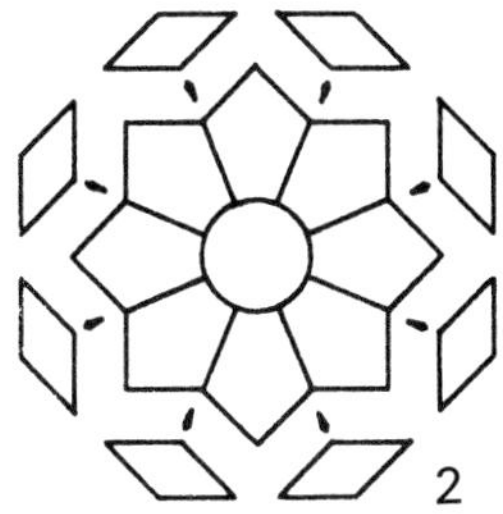
2

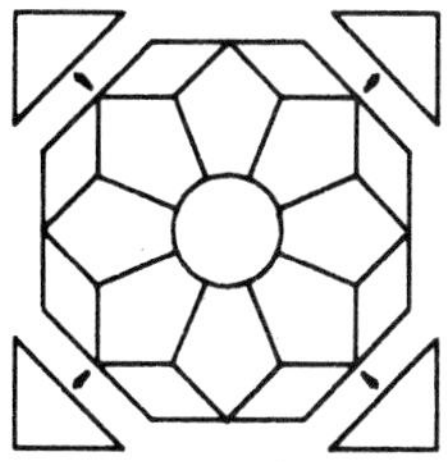
3

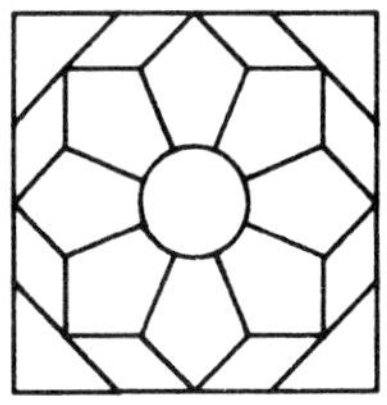
4

5

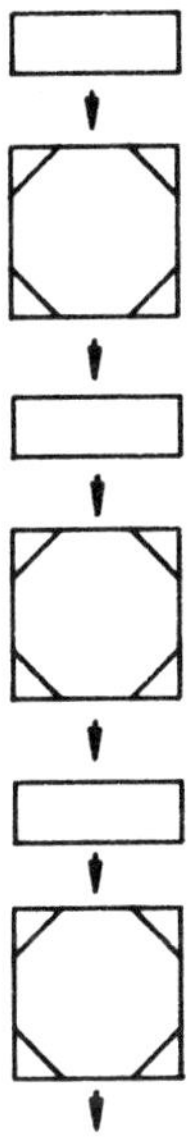

6

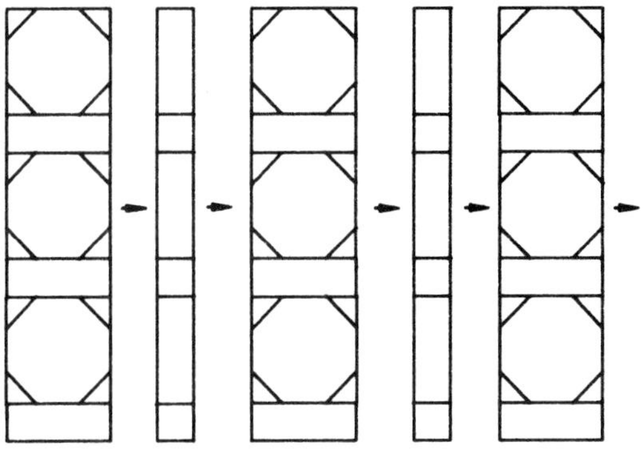

7

8

9

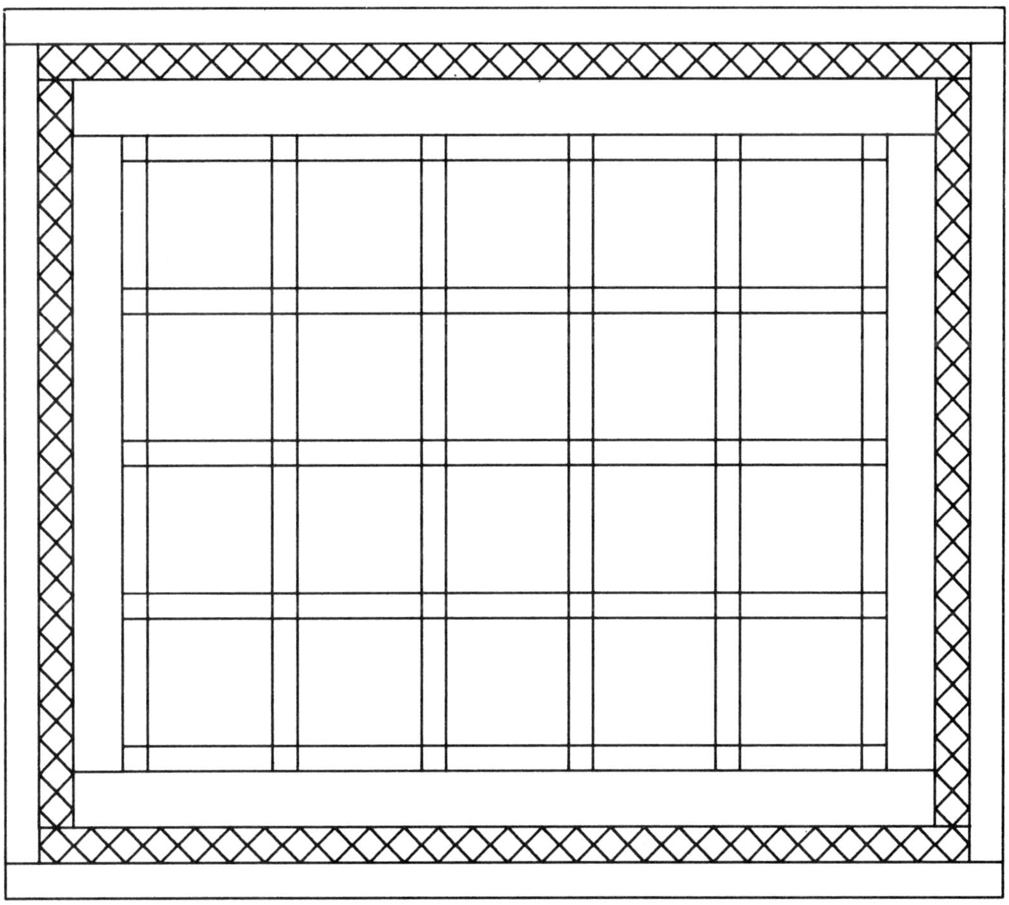

Dreiecke

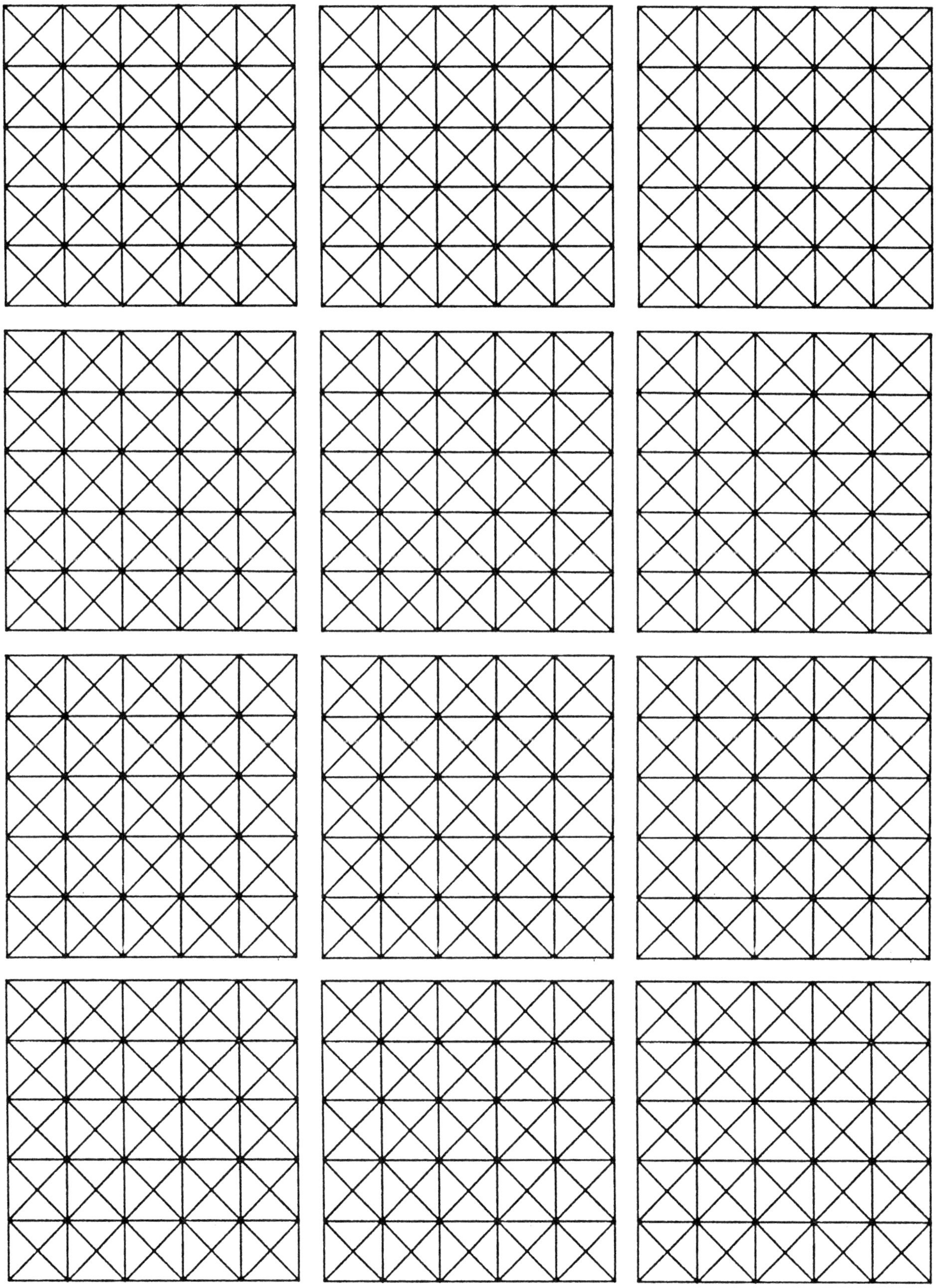

Bow Tie (Schleifen)

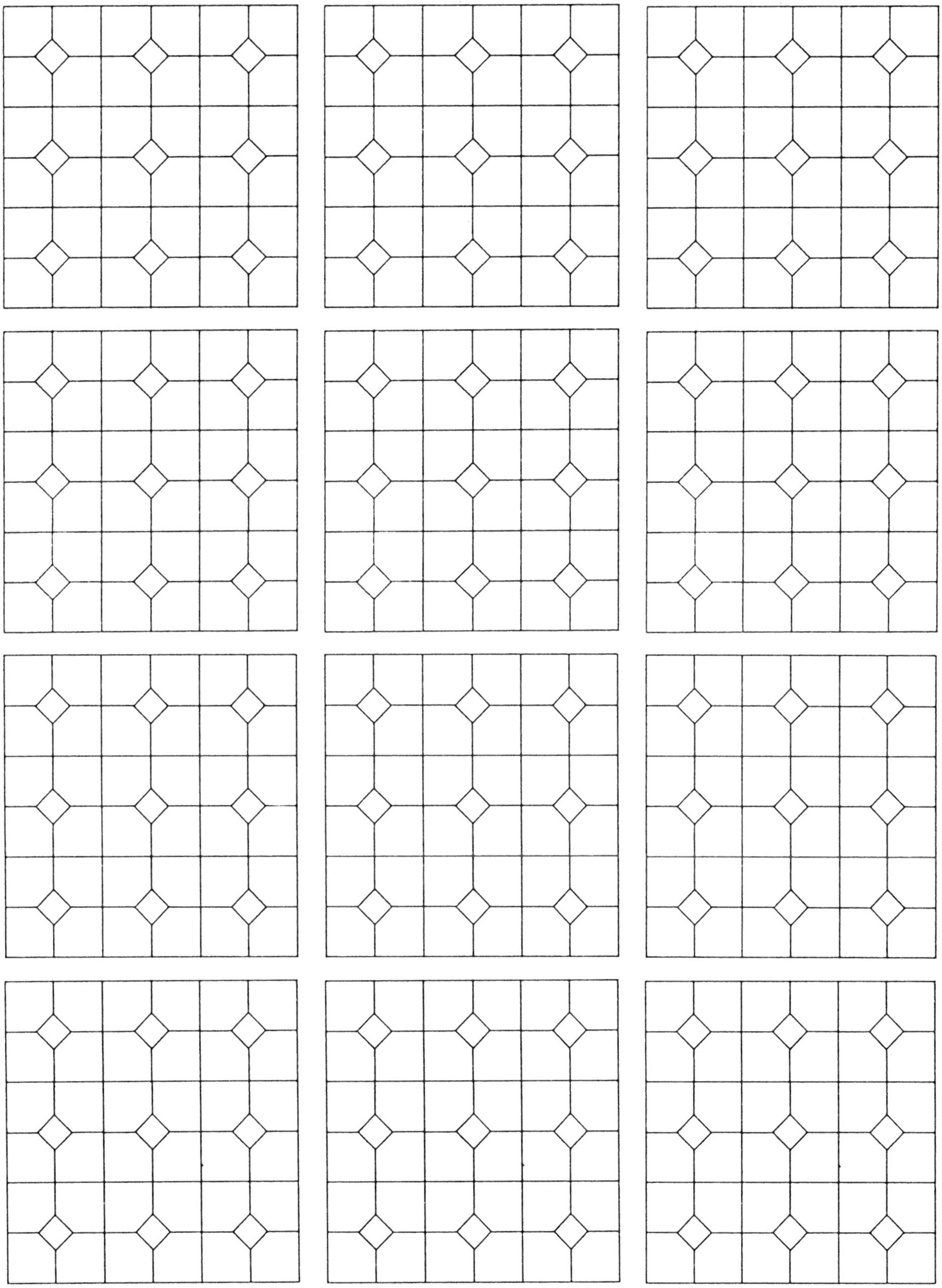

Log Cabin (Blockhausmuster)

Pineapple (Ananas)

Genehmigte Lizenzausgabe, 1996

Bearbeitung der deutschen Ausgabe:
THEMA Produktmarketing und Werbung GmbH
Fullservice für Buch- und Presseverlage
München

ISBN 3-8122-3619-2